贯彻落实习近平生态文明思想，坚持把绿色作为高质量发展的普遍形态，树牢绿水青山就是金山银山的理念，坚持生态优先、绿色发展。

大规模植树造林，开展国土绿化，构建宁静、和谐、美丽的自然环境；推动区域流域协同治理，全面提升生态环境质量，建成新时代的生态文明典范城市。

——《河北雄安新区总体规划（2018—2035 年）》

雄安设计专业丛书

高质量发展的
雄安之道

绿色城市　美丽家园
——雄安郊野公园规划与建设

（下册）

河北雄安新区规划研究中心
河北雄安新区管理委员会自然资源和规划局　　编著
河北雄安新区管理委员会建设和交通管理局

天津大学出版社
TIANJIN UNIVERSITY PRESS

本书编委会

编委会主任

安庆杰

编委会副主任

王志刚　葛　亮　侯斌超

编委会委员

杨　松　苗　强　荆　涛　黄庆彬　王　哲　王海乾

简　正　曹　宇　张　岩　果　靖　罗婷文　任福亮

顾问

张玉鑫

执行主编

伊　然　刘波涛

执行副主编

吴　润　高志雄

内容统筹（按拼音首字母排序）

高红列　李海林　裴昊斐　宋杰强　苏　奥　田小敏

滕月举　王汉斯　王一方　王　真　谢　宇　杨　越

杨中文　袁　冬　张中华

技术支撑（按拼音首字母排序）

白晓宁　毕介宝　陈合志　窦占续　付　强　高智生

郝　岩　侯　胜　贾仪云　蒋　乐　纪青青　李　威

李旭东　李志国　刘　昊　刘林博　刘鹏漳　刘占强

刘志刚　马立国　牛涵爽　牛玉鹏　宋鸿杰　孙　聪

唐泽军　王　晗　吴伯军　姚世明　赵万福　张　曦

张晓彤　张志学　甄壮平　朱　然　朱苏敏

著作权人

河北雄安新区规划研究中心

参与单位

河北省林业和草原局

石家庄市林业局

承德市林业和草原局

张家口市林业和草原局

秦皇岛市海滨林场

唐山市自然资源和规划局

廊坊市自然资源和规划局

保定市自然资源和规划局

沧州市自然资源和规划局

衡水市自然资源和规划局

邢台市林业局

邯郸市林业局

定州市自然资源和规划局

辛集市自然资源和规划局

雄安新区管理委员会自然资源和规划局

雄安新区管理委员会建设和交通管理局

中国雄安集团生态建设投资公司

中国雄安集团基础建设公司

河北雄安绿博园绿色发展有限公司

前 言

INTRODUCTION

规划建设雄安新区，以习近平同志为核心的是党中央深入推进京津冀协同发展作出的一项重大决策部署，对于探索人口经济密集地区优先开发新模式，调整优化京津冀城市布局和空间结构，培育创新驱动发展新引擎具有重大现实意义和深远历史意义。

按照党中央、国务院对《河北雄安新区规划纲要》《河北雄安新区总体规划（2018—2035年）》的批复精神，雄安新区牢固树立和贯彻落实新发展理念，按照高质量发展根本要求，着眼建设北京非首都功能疏解集中承载地，创造"雄安质量"，打造推动高质量发展的全国样板，建设现代化经济体系的新引擎，坚持世界眼光、国际标准、中国特色、高点定位，坚持生态优先、绿色发展，坚持以人民为中心，注重保障和改善民生，坚持保护和弘扬中华优秀传统文化，延续历史文脉，推动新区实现更高水平、更有效率、更加公平、可持续发展的目标，建设成为绿色生态宜居新城区，创新驱动发展引领区，协调发展示范区、开放发展先行区，努力打造贯彻落实新发展理念的创新发展示范区。

根据《河北雄安新区规划纲要》和《河北雄安新区总体规划（2018—2035年）》确定的总体目标和发展部署，雄安新区坚持一张蓝图干到底，坚持把绿色作为高质量发展的普遍形态，践行习近平生态文明思想，贯彻落实绿水青山就是金山银山的理念，尊重自然、顺应自然、保护自然，统筹城、水、林、田、淀、草的系统治理，统筹生产、生活、生态三大空间，构建蓝绿交织、清新明亮、疏密有度、水城共融的城市空间布局，营造宁静、和谐、美丽的自然环境，全面提升生态环境质量，建成新时代的生态文明典范城市；塑造城市特色风貌，坚持中西合璧、以中为主、古今交融，弘扬中华优秀传统文化，保留中华文化基因，体现中华传统经典建筑元素，彰显地域文化特色，体现文明包容；加强城市设计，围绕功能定位，强化分区引导，形成具有中华风范、淀泊风光、创新风尚的新区风貌；塑造高品质城区生态环境，以城市森林、组团隔离带、生态廊道网络为载体，结合城市组团布局、各级公共中心和开放空间，因地制宜地设计丰富多样的景观环境，实现城市功能和景观环境的相互渗透和有机融合，注重人性化、艺术化设计，打造优美、安全、舒适、共享的城市空间景观体系，提升城市空间品质与文化品位，实现城中有园、园中有城；继承华北地区平原建城智慧，按照传承历史、开创未来的设计理念，构建绿色为底、功能多元、风貌协调、布局灵动、特色鲜明、文化内涵深厚的城市开放空间。

按照《河北雄安新区总体规划（2018—2035 年）》《河北雄安新区绿色空间专项规划》的内容要求，雄安郊野公园北起南拒马河，南至容东城市组团，西起贾光，东至京雄高速，位于雄安新区"一淀、三带、九片、多廊"的生态安全格局中"三带"的"环新区绿化带"、"九片"的"南拒马林地斑块"，总面积约为 17.87 平方千米（2.68 万亩）。雄安郊野公园的建设是对新区生态安全格局的具体落实，其承担着生态涵养、自然保育、科普教育和生态休闲功能。根据中共中央、国务院关于高起点规划、高标准建设雄安新区的总体部署和要求，在河北省委、省政府的坚强领导下，雄安新区管委会认真组织开展雄安郊野公园的总体规划、控制性详细规划和设计方案的研究和编制工作，汇聚全国行业领军人物和知名设计机构，集思广益、众规众创，按照"统一总体规划、统一质量标准、各市分片负责"的要求，采取"1+14"的组织架构模式，完成雄安郊野公园总体规划设计、控制性详细规划设计和 14 片城市森林及核心展园详细规划设计。

"1"是指雄安郊野公园的总体规划编制单位。其主要工作内容包括：一是编制郊野公园总体规划设计方案，明确总体布局、风貌意象、功能分区、植物分区等总体要求，制定各市任务书，明确河北指标要求；二是作为总规划师单位统筹协调各城市林的规划设计工作，确保各城市林的规划设计符合总体规划要求。

"14"是指 14 个城市林及展园的详细规划设计编制单位。其主要工作内容是按照雄安郊野公园总体规划，遵循"独立成章、特色突出"的工作要求，编制 14 个城市林（每片规模 40 ～ 100 公顷）及展园的详细规划设计方案；结合总体规划，细化城市林空间格局，科学规划慢行交通系统、场地竖向空间、休闲游憩场地、公共服务设施、水电基础设施等；深度挖掘各城市历史文化资源和自然风貌特征，通过提炼特色符号、元素等方式，明确各城市展园亮点，形成具有鲜明地域特色的高品质城市展园，做到"一市一图一方案"，充分展现各市地域特色、人文特色，确定建筑风貌、植物品种、质量标准等。

按照高起点规划、高标准建设、高质量发展的要求，为及时做好工作总结，加强对雄安新区高品质生态环境的建设指导，向全社会展示河北省绿化成果和新区郊野公园规划建设成果，形成可推广、重实践、追求文化艺术和地方特色的成果总结，发挥样板示范作用，创造"雄安质量"，本书编委会集中整合、编写了雄安郊野公园规划与建设成果，编写工作严格按照有关规定执行。

"绿色城市 美丽家园——雄安郊野公园规划与建设"丛书分为上册和下册。上册内容为雄安郊野公园总体规划、控制性详细规划及 14 个城市展园、城市林的方案设计成果。下册内容为雄安郊野公园建设、开园运营全过程记录及经验总结等。上册第 1 章简述雄安郊野公园规划建设的工作背景；第 2 章记录公园范围内的原始情况和乡愁记忆；第 3 章介绍雄安郊野公园总体规划及控制性详细规划；第 4 章梳理 14 个城市展园、城市林设计成果；第 5 章全过程记录规划公示、报批过程；第 6 章总结归纳规划设计经验。下册第 1 章概述雄安郊野公园建设模式；第 2 章讲述 14 个地市共同的建设经历；第 3 章介绍打造"雄安质量"的相关要求；第 4 章记录开园运营盛况；第 5 章介绍雄安郊野公园后期运营维护；第 6 章总结雄安郊野公园建设经验；第 7 章通过实景影像展现雄安郊野公园建成效果。

在雄安新区这座正在崛起的千年之城北部，一道生态屏障已经建成，守护着城里的协调与和谐，这里已然成为人们亲近自然、休闲娱乐、陶冶情操的好去处，使人们拥有更多的幸福感和获得感。雄安郊野公园已成为雄安新区北部的一颗更为耀眼的绿宝石，为雄安这幅城绿交融、林水相依的中国画卷增添浓墨重彩的一笔。

鉴于笔者眼界和水平，疏漏之处敬请读者不吝指教。在此，一并感谢所有参与、参加此项工作的单位、个人以及领导、专家和社会各界！

编者

2023 年 3 月

目 录

CONTENTS

西边界路

张家口林

邯郸林

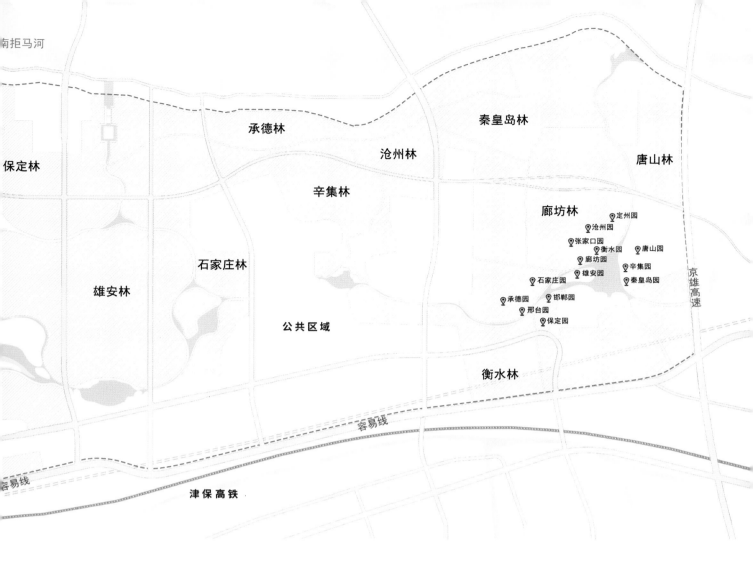

南拒马河

保定林

承德林

沧州林

秦皇岛林

唐山林

辛集林

廊坊林

石家庄林

定州园

沧州园

张家口园

衡水园

唐山园

廊坊园

辛集园

雄安园

秦皇岛园

石家庄园

雄安林

承德园

邯郸园

邢台园

保定园

公共区域

衡水林

京雄高速

容易线

容易线

津保高铁

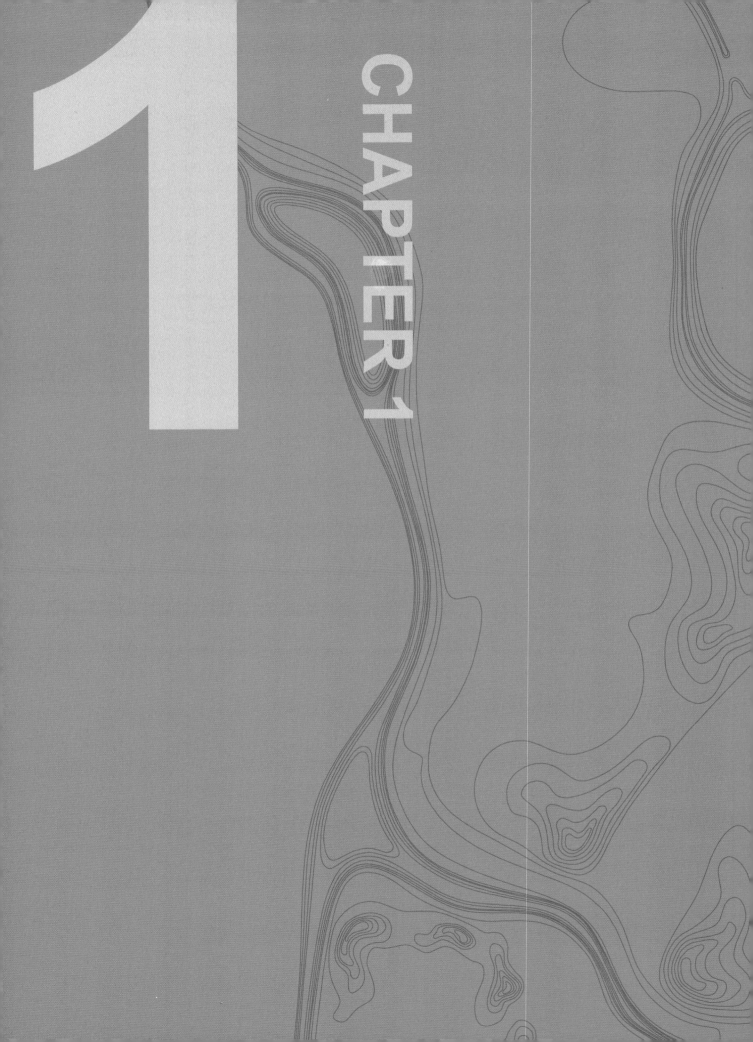

1

CHAPTER 1

第 1 章

创新模式 做好筹备

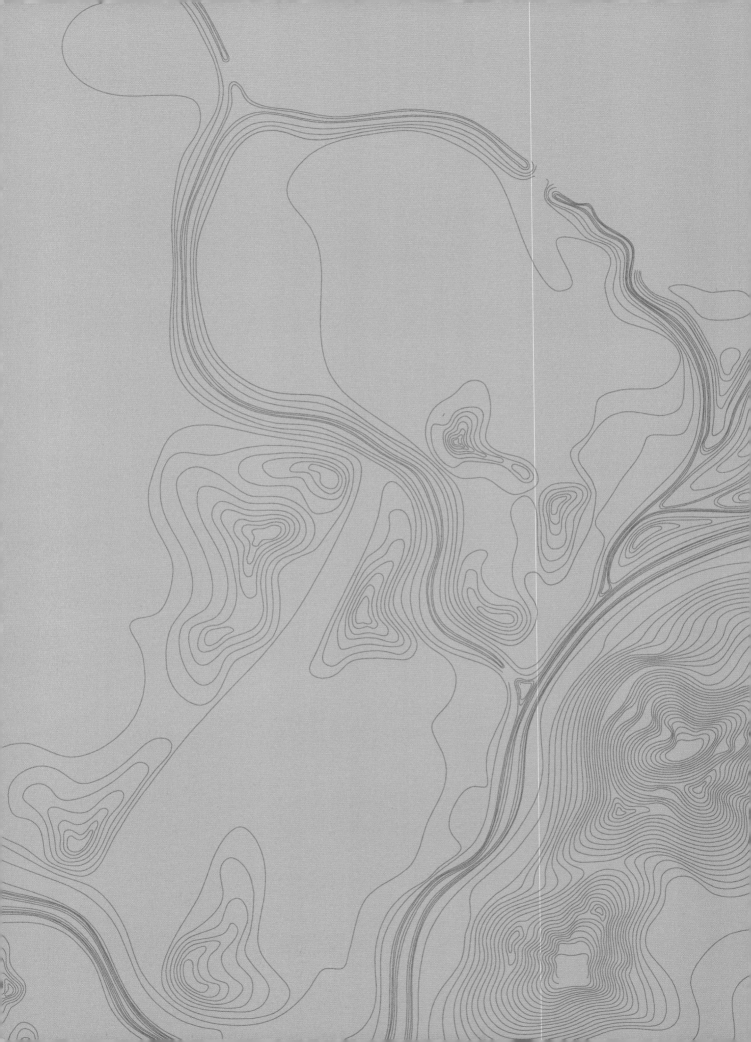

1.1
领导重视 亲自推动

规划建设雄安新区是以习近平同志为核心的党中央作出的重大历史性战略决策,是千年大计、国家大事。为贯彻落实习近平总书记关于雄安新区规划建设"先植绿、后建城"的重要指示,围绕建设蓝绿交织、清新明亮、水城共融、绿色生态宜居新城的要求,河北省委、省政府认真贯彻《河北雄安新区规划纲要》《河北雄安新区总体规划(2018—2035 年)》,举全省之力建设雄安郊野公园。各级领导高度重视,精心策划,圆满完成了雄安郊野公园的建设任务。

一是河北省委、省政府主要领导高度重视,推动雄安郊野公园建设。河北省主要领导对雄安郊野公园建设多次作出批示指示,亲自审改雄安郊野公园规划建设方案,多次到雄安新区现场指导雄安郊野公园建设。

二是成立各级组织领导机构,健全工作推进机制。河北省委、省政府成立了雄安郊野公园筹建工作领导小组及办公室(以下简称"省筹建办"),印发了《河北雄安郊野公园建设实施方案》,方案中明确了雄安郊野公园建设任务目标、建设期限、建设时序和各市及省直单位责任分工。各市市委、市政府均成立领导小组及工作专班,市主要领导召开专题会议,印发实施方案,制订工作计划,明确了各市任务目标、建设期限和责任分工,确保完成雄安郊野公园建设任务。河北省林业和草原局(以下简称"省林草局")会同雄安新区、河北省纪委监委、自然资源厅、住建厅、生态环境厅、审计厅抽调精英骨干成立雄安郊野公园建设指挥部,组建专门办公室,下设综合协调、造林绿化、展园建设、质量监管、施工督导、审计监督 6 个组。在具体工作推进层面,省林草局成立省雄安郊野公园前方建设指挥部(以下简称"省前方建设指挥部"),各市均成立雄安郊野公园建设前方指挥部，分别负责相关工作。各市前方建设指挥部指挥督导城市林及展园建设，确保按时高质量完成雄安郊野公园建设任务。雄安郊野公园建设指挥部架构见图 1-1-1。

雄安郊野公园建设指挥部

| 综合协调组 | 造林绿化组 | 展园建设组 | 质量监管组 | 施工督导组 | 审计监督组 |

省前方建设指挥部

各市建设前方指挥部

图1-1-1 雄安郊野公园建设指挥部架构

1.2

各方联动 确保建设

1.2.1 村庄征迁及土地征转

1. 土地基本情况

雄安郊野公园位于"一主五辅"之外的郊野地区，土地利用现状为国有建设用地、集体建设用地、农用地，涉及征迁人口 1.61 万人、6 084 户。征迁村分布情况见图 1-2-1，项目总体规划见图 1-2-2。

2. 征迁工作

土地流转情况

雄安郊野公园需征用 19 个村（八于乡 15 个村，容城镇、贾光乡各 2 个村）的土地，其中整迁村 13 个，分步征迁村 6 个，涉及容城县农用地约 1 613 公顷（容城镇约 29.7 公顷，贾光乡约 228.5 公顷，八于乡 1 355 公顷），建设用地 343.4 公顷，未利用地 41.8 公顷。具体情况如下。

1）13 个村共有 6 084 户 ,16 134 人，外嫁女 448 人，结婚后户籍未迁入者 327 人，户籍在本村的离婚女 86 人，独生子女户 865 户。公职人员 426 人，学生 1 784 人，其中学前儿童 531 人，小学生 992 人，初中生 261 人。

2）共有宅院 5 393 处，空白宅基地 919 处，户籍不在本村、本村有房或地的有 910 人。需二次搬迁群众 314 户 905 人，涉及 210 处院落。

3）共有生产队 62 个，村干部 85 名，党员 636 名，村民代表 290 名。

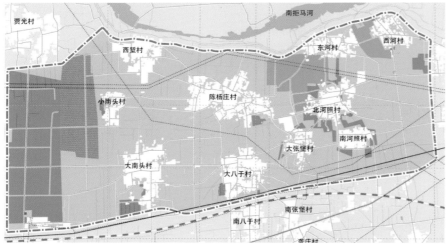

图1-2-1 征迁村分布情况(组图)

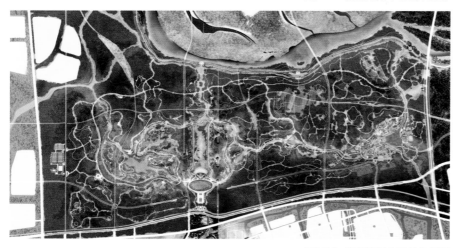

图1-2-2 雄安郊野公园总体规划

工作组协调解决村内矛盾共 80 件，主要涉及土地纠纷、户籍迁入、历史遗留等 3 类问题。

全面完成征迁工作

根据工作安排，指挥部充分协同新区各部门、容城县政府及八于乡政府、雄安集团等，通过省前方建设指挥部及新区指挥部、"一对一"服务协调专班等，做好 13 个地市雄安郊野公园建设的现场服务与支持，高效完成 13 个整体征迁村征迁及范围内的土地征收工作。村落拆迁情况见图 1-2-3~ 图 1-2-10。

图1-2-3 大八于村拆迁后

图1-2-4 大南头村拆迁后

图1-2-5 大张堡村拆迁后

图1-2-6 东河村拆迁后

图1-2-7 南河照村、北河照村拆迁后

图1-2-8 西河村拆迁后

图1-2-9 西堑村拆迁后

图1-2-10 小南头村拆迁后

1.2.2 统筹乡愁点、古树名木保护

雄安郊野公园的建设以习近平新时代中国特色社会主义思想为指导，保护郊野公园内的历史文化记忆，让人们记得住乡愁。郊野公园的规划建设对不同类型的历史文化遗存采取不同的活化策略，重新建立起文化遗产与公园的关系，赋予雄安新区郊野公园优秀历史文化遗存新的生命和活力。

1. 乡愁点概况

园内古树名木总体状况

古树名木是中华民族悠久历史与文化的象征，是绿色文物、活的化石，是自然界和前人留给我们的无价珍宝。雄安郊野公园内共有古树名木 41 株，主要是枣树、槐树和白榆，均是人工栽植的。其中，树龄百年以上的古树有 13 株，树龄 200 年以上的古树有 3 株。

园内老式建筑基本情况

老式建筑是"活体"文化遗产，是文脉之本、风貌之基，承载历史，承载民众集体记忆和情感，具有鲜明的时代特征和历史符号。雄安郊野公园内有重点老式建筑遗址 1 处，老式建筑遗址 13 处，其他乡愁遗址 3 处。

2. 园内乡愁点保护

园内古树名木的保护

河北省委、省政府和雄安新区党工委、管委会高度重视雄安郊野公园内古树名木的保护工作，省筹建办要求，各建设单位在各自园区内的村庄拆迁中，对"乡愁树木"与其他一些长势良好的大树如榆树、椿树、槐树、柳树、桃树、杏树、枣树以及较大的杨树等树木应留尽留、做好标记、上图上表、登记造册并做好监督；在设计中，对能够体现乡愁或北方村庄风貌且具有保留价值的生长期不足百年的林木，符合建设规划的就地保留，对树龄不足百年的具有观赏价值且能常年生存的树木，符合建设规划的要就地保留，不符合建设规划的在新区森林带内集中移植；在建设过程中，严格要求施工队和施工人员对各园标记的树木予以保留，一律不准采伐，坚决杜绝毁绿情况的发生。

园内老式建筑的保护

雄安郊野公园的规划编制工作充分考虑园内历史空间构建和文化记忆传承，充分保护、利

用古遗址、古建筑，保留区域历史文化记忆，传承、延续历史文脉；依托陈杨庄城堡遗址和杨继盛祠堂两处文保单位，布置相应的城市功能与公共空间。

依据《雄安新区"记得住乡愁"保护标准》，按照新区整体规划建设时序，对现状不可移动的"乡愁点"登记造册，一案一保护，结合片区规划建设方案对每一个乡愁点提出具体保护意见，通过多种方式保留传统建筑，保留特色民居、古树等乡愁元素，并将其与开放空间融合、与地块开发结合，留传乡愁记忆，形成特色景观节点（图 1-2-11、表 1-2-1、表 1-2-2）。

对民间石碑、石墩、青石板、青砖、青瓦等乡愁纪念物进行收集管护，待新区规划建设乡愁记忆设施时，由有关开发建设企业回购；为进一步保护群众的积极性，对于有纪念价值的、可移动的老物件统一收集并妥善保管，以便进行更好的展示与保护。

雄安郊野公园邢台园项目区内原南河照村金玉璞家老宅经多轮论证，已被认定为雄安新区"乡愁保护点"，该"老式建筑"距今约 120 年历史，符合 A 级乡愁保护标准，具有北方典型传统民居建筑风格。经与新区"记得住乡愁"专项行动领导小组办公室协商沟通，原雄安新区规划建设局（以下简称"原新区规建局"，2022 年 12 月其变更为自然资源和规划局、建设和交通管理局）特致函邢台市林业局建议原址保留，并校核相关规划设计，将其纳入邢台展园项目区的规划设计中，更好地展现雄安新区乡愁文化。

图1-2-11 主要乡愁点分布（图中标黄处）

表 1-2-1 雄安郊野公园涉及乡愁遗产规划校核单（1）

名称：刘守真纪念祠	谷歌卫星影像	
代码：XAJY-02		
建成年份：1989 年		
乡镇：八于乡		
村庄：小南头村		
类型：老式建筑		
对应地块控制性详细规划情况	现状保存情况	
用地性质：风景游憩绿地		
容积率：		
绿地率：		
建设高度：		
建筑退线：		
其他相关影响指标：	拍摄时间：2021 年 1 月 21 日	拍摄时间：2021 年 1 月 21 日
控详规备注： 保定林	备注：	
规划校核意见：不具备原址保留条件。该建筑位于城市林之中，建议保留构件，结合附近服务驿站或景观小品布置，或存入乡愁博物馆		

表 1-2-2 雄安郊野公园涉及乡愁遗产规划校核单（2）

名称：张国良家老宅	谷歌卫星影像	
代码：XAJY-03		
建成历史：约 100 年		
乡镇：八于乡		
村庄：大南头村		
类型：老式建筑		
对应地块控制性详细规划情况	现状保存情况	
用地性质：风景游憩绿地		
容积率：		
绿地率：		
建设高度：		
建筑退线：	拍摄时间：2021 年 1 月 21 日	拍摄时间：2021 年 1 月 21 日
其他相关影响指标：	备注：	
控详规备注：		

规划校核意见：不具备原址保留条件。该建筑位于雄安郊野公园南北景观轴线之中，建议保留构件，结合附近服务驿站或景观小品布置，或存入乡愁博物馆

1.2.3 多方齐心 推动迁改

雄安郊野公园管线迁改工作由雄安郊野公园建设指挥部办公室（原新区规建局）统筹，新区综合执法局指导容城县征迁办组织各产权单位开展管线迁改工作，由容城县征迁办与管线产权单位签订管线拆改补偿合同。为确保雄安郊野公园各参建单位顺利进场施工，按照新区党工委、管委会总体部署，原新区规建局、拆迁安置领导小组办公室等单位先后组织召开多次专题调度会，专项调度迁改工作，为雄安郊野公园如期完成建设任务打下坚实基础。

1. 供水管线迁改

雄安郊野公园范围内原八于乡农村生活用水由容城县八于水厂供给，容城县八于水厂先后两次制定了给水管道迁改方案，对涉及影响水系、道路施工的区域供水管线进行迁改，在确保周边群众用水不受影响的同时，保障了项目施工。

2. 电力管线迁改

雄安郊野公园范围内各级电力线路分布（图1-2-12）错综复杂，有1 000千伏特高压、500千伏超高压架空线路及35千伏、10千伏高压线路。在前期规划中，各类建设内容已避让1 000千伏、500千伏架空线路，大量35千伏、10千伏高压线路需迁改。为配合推进雄安郊野公园建设，雄安新区供电公司以服务新区大局为重，克服前置条件、新冠肺炎疫情（以下简称

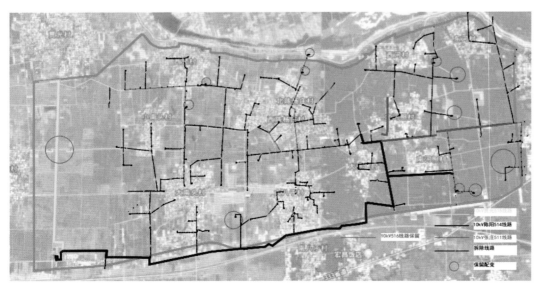

图1-2-12 雄安郊野公园电力线路分布示意图

"疫情") 防控、春节保供电、物理工期、物资供应、施工力量等方面的多重困难，积极推进郊野公园红线范围内电力设施征拆迁改工作（图1-2-13）。

3. 燃气管线迁改

在雄安郊野公园范围内，涉及影响施工的燃气管线主要由昆仑燃气公司管理。为支持新区建设，昆仑燃气公司对接相关部门制定方案，并启动内部流程，于2021年6月完成全部迁改任务，进一步加快了郊野公园的建设速度。

4. 通信线路迁改

通信线路迁改涉及移动、电信、联通、广电、雄安铁塔公司等产权单位。随着村庄的拆迁，大量移动、电信、联通、广电等的线路废弃，在相关产权单位的大力配合下，废弃线路被拆除。为确保施工过程中的通信正常，各通信相关产权单位以雄安铁塔公司的通信塔基为基础，架设信号传输设备，保障施工期间公园内的通信正常。

雄安郊野公园范围内原有通信基站20座，其中5座需迁改，原有5座存量基站被拆除后，雄安铁塔公司迅速在雄安郊野公园范围内新建通信基站4座，以保证原拆除基站的覆盖能力，保障通信网络稳定。新建基站采用美化灯杆塔建设，以满足雄安郊野公园的景观需求。

图1-2-13 雄安郊野公园电力迁改工程示意图

2

CHAPTER 2

第 2 章

协同共建 全力推进

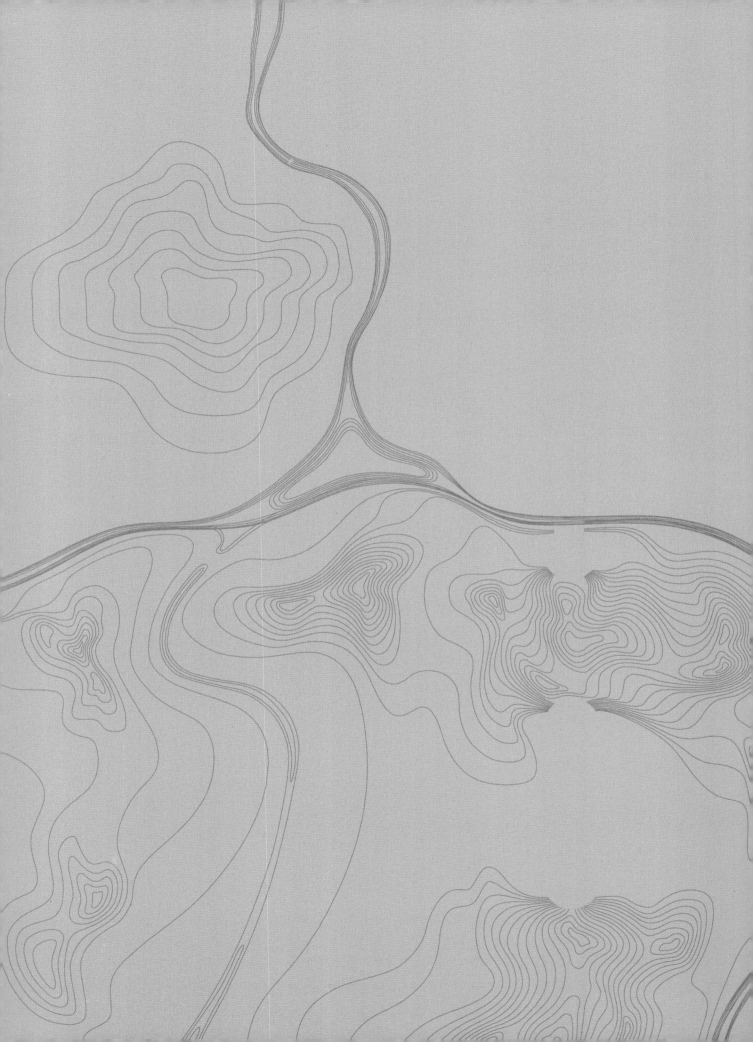

2.1

石家庄篇

2.1.1 工程概况

1. 石家庄林工程概况

项目区位 石家庄林位于雄安郊野公园中北部区域，西至规划水系，北接承德林，东至辛集林，南至规划东西主水系。

项目规模 约103公顷。

项目投资 约1亿元。

设计理念 石家庄林设计理念为"最美乡道横穿石家庄林，纵贯的多彩林将西柏坡之'红'与石家庄之'彩'融入石家庄林"。石家庄林通过近自然的营造方式进行种植规划，分成"两带三区"，形成如下景观，分别是隔溪望堤——五彩花窗、最美乡道——十里红妆、襟湖带水——红缀河畔、滨水果林——硕果盈枝（秋实）、瀛洲侧境——春桃飞花（春花）。

主要建设内容 石家庄林绿化面积约99公顷，栽植苗木4.6万株、地被20万平方米；修建二级园路1.75万平方米，三级园路0.99万平方米；铺设灌溉管网4万米，电气线路1万米；修建配套服务设施，包括4个广场（硬化面积共计1 768平方米）、3个服务驿站（建筑面积共计753平方米）、2个观鸟盒（建筑面积共计152平方米）、1个亲水平台（建筑面积为500平方米），路灯、垃圾桶、坐凳、标识牌等城市家具555套。

2. 石家庄园工程概况

项目区位 石家庄园位于雄安郊野公园东部展园的西南侧，东临雄安园，与雄安主场馆和邯郸园隔湖相望，是河北展园的中心馆。

项目规模 1.5公顷。

项目投资 约1.8亿元。

设计理念 石家庄园植物设计延续整体设计方案，沿路种植粉黛乱子草呼应红色主题文化，突出该展园的红色纪念主题；以银杏林为基调树种，体现庄重肃穆的空间氛围。植物种植采用组团与片林结合的方式。组团主要采用乔、灌、草结合形式；片林主要有银杏林，底部植物采用粉黛乱子草、地被菊、八仙花等。整体的绿化营造出庄重、细腻、静谧的景观感受。

主要建设内容 石家庄园建筑面积8 600平方米，地上两层建筑面积为4 400平方米，地下一层建筑面积为4 200平方米，主体建筑为集餐饮、宴会、会议、住宿、展览于一体的综合服务楼。石家庄园有主楼和东、西配楼共3座主要建筑。主楼一层主要功能为多功能会议室、接待大堂，二层为红色主题馆；东配楼为餐厅。地下建筑总体考虑了12个展园的人防工程建筑指标，平时为机动车车库和设备用房，人防工程兼作地震应急避难场所，设停车位78个。石家庄园实景见图2-1-1。

2-1-1 石家庄园实景

2.1.2 建设时间及获奖情况

1. 石家庄林建设时间

入场时间：2020年1月15日。

开工时间：2020年3月10日。

竣工验收时间: 2021 年 4 月 24 日。

2. 石家庄园建设时间

入场时间: 2020 年 11 月 15 日。

开工时间: 2020 年 12 月 15 日。

基础完工时间: 2021 年 1 月 1 日。

主体结构完工时间: 2021 年 2 月 8 日。

竣工验收时间: 2021 年 4 月 30 日。

3. 获奖情况

石家庄林和石家庄园共获得综合类大奖 4 个、特别奖 3 个、金奖 2 个,专项类大奖 4 个、特别奖 7 个、金奖 4 个。

2.1.3 主要建设经验和典型做法

石家庄市高度重视雄安郊野公园相关建设工作,严格按照河北省要求的时间、目标,提前高质量完成建设任务。雄安郊野公园石家庄林和石家庄园的主要建设经验和典型做法如下。

1. 高度重视,强力推进

石家庄市主要领导和分管领导先后 20 多次对石家庄林和石家庄园的建设工作作出重要批示指示,具体指导工作开展。十届市委第 149 次常委会听取了石家庄林和石家庄园建设工作进展情况的报告,要求按照省里指示精神把工作做好,在全省做表率。2020 年 6 月 12 日、2021 年 4 月 1 日石家庄市党政代表团先后两次到雄安新区学习考察,现场检查雄安郊野公园石家庄林和石家庄园的规划建设。

2. 成立机构,专职负责

按照省筹建办统一要求,2019 年 12 月 12 日,石家庄市成立了雄安郊野公园石家庄园建设领导小组及办公室,办公室设在市林业局。市林业局成立雄安绿博园筹建工作领导小组,抽调精干力量组成前方工作组和后方保障组，前方工作组3人于2020年1月5日进驻雄安新区开展工作。2020年12月15日，市住建集团组织施工人员进驻雄安新区建设石家庄园。工作专班坚守工作一线，发扬吃苦耐劳的精神、敢打敢拼的干劲，倒排工期，挂图作战，按时高质量地完成了石家庄林和石家庄园的建设任务。

3. 通力合作，携手推进

在石家庄市委、市政府的坚强领导下，石家庄市林业局与市直有关单位相互配合，全力推进雄安郊野公园石家庄林和石家庄园的建设工作。市财政局出具建设项目资金证明，协助该项目顺利完成立项。市审计局对石家庄林和石家庄园项目进行跟踪审计，为依法合规建设保驾护航。市林业局与市住建集团携手合作，共同奋进，按照省、市领导的要求圆满完成了石家庄林和石家庄园的建设任务。

4. 规范管理，加强疫情防控及安全生产监管

项目部建立了以项目经理为首的安全生产领导小组，制定安全文明施工方案并做好交底工作，配备专职安全员，严格落实疫情防控各项规定，并对项目进行日常性、专业性、季节性、节日前后和不定期检查，每周组织安全检查及安全施工培训，及时消除安全隐患，确保施工安全，确保高质量完成建设任务。安全生产宣传标语见图2-1-2。

5. 多措并举，连续作战，高质量施工建设

自开工建设以来，建设团队采取边设计边施工的办法推进建设，广铺作业面，优选经验丰富的施工队伍，增加施工人员。全体参建人员勇于担当、攻坚克难、昼夜奋战，发扬不怕吃苦、连续作战的工作作风，昼夜施工保工期，圆满完成建设任务（图2-1-3）。

图2-1-2 悬挂安全生产宣传标语　　　　　　　　图2-1-3 石家庄园冬季夜间施工

2.1.4 展园布展及运营

1. 布展主题

石家庄园的布展主题为"红色圣地,燕赵名城"。

2. 展示内容

石家庄园的展示内容分为"历史悠久 人文荟萃""红色土地 开国奠基""曲折历程 全面发展""改革开放 继往开来""现代省会 复兴追梦"5 个部分,现场设置 LED 屏幕 6 块、投影设备 3 台、电视机 4 台、展柜 5 组,采用视频、文字、图片、模型等多种形式,展示了石家庄光辉灿烂的文化、光荣伟大的革命历史以及欣欣向荣的现代省会、复兴追梦的美好蓝图(图2-1-4~ 图 2-1-7)。

图2-1-4 主题展馆序厅

图2-1-5 "记忆石家庄"照片墙

图2-1-6 石家庄历史影像展

图2-1-7 "习近平在正定"资料展

石家庄园集中展示了元氏石榴、井陉花椒、矿区和鹿泉核桃、灵寿仙桃、赵县梨系列产品、"甄养"系列饮品以及藁城宫面系列产品、正定桑叶系列产品等(图 2-1-8),共展示各类农副产品 300 余件,极大地提高了石家庄农副产品的知名度,也为大力推进乡村振兴作出应有的贡献。

图2-1-8 石家庄农副产品展示

3. 运营情况

石家庄饮食有限责任公司以红星包子为龙头，以红星菜品为特色，以红星饭庄为主组成"精英团队"，代表石家庄"出征"雄安。红星饭庄结合当地的消费习惯和消费水平，精选了60余种菜品，推出了5个系列的宴会套餐，以鲜明的特色、一流的服务高质量地完成了开园运营任务，为石家庄增光添彩，树立了良好的城市形象，受到各级领导和广大游客的一致好评。石家庄园也成了雄安郊野公园首家具备餐饮、住宿、会议功能的城市展园（图2-1-9、图2-1-10）。

图2-1-9 雄安郊野公园恢复试运营协调会议在石家庄园召开　　图2-1-10 游客在石家庄园餐厅用餐

2.2

秦皇岛篇

2.2.1 工程概况

1. 秦皇岛林工程概况

项目区位 秦皇岛林位于雄安郊野公园东北部区域，东临唐山林、南临廊坊林和沧州林，北接南拒马河生态堤，西临承德林。

项目规模 69 公顷。

项目投资 6 738 万元。

设计理念 秦皇岛林采用近自然块状混交造林模式，结合驿站、节点广场引水入田、延林入村，营造"华北水乡""桃源村居"的场景。

主要建设内容 秦皇岛林累计栽植乔灌木 61 694 株、地被 22 公顷，回填土方 28.8 万立方米；修建二、三级园路共 6 286 米、一级驿站 1 处、二级驿站 1 处，防腐亭 1 座，并搭配路灯、坐凳、指示牌等配套城市家具设施。

2. 秦皇岛园工程概况

项目区位 秦皇岛园位于雄安郊野公园东湖东岸，各市展园最东北角。

项目规模 1.3 公顷。

设计理念 秦皇岛园以呈现秦皇岛海滨城市特色的海洋馆为主题，建筑屋顶模拟海浪造型，建筑结构主体立面向后略微倾斜，打造出黄色沙滩、蓝色大海意象的建筑外观，突出秦皇岛的滨海胜地形象。

主要建设内容 本项目包括展馆及广场。海洋展馆分为观光游憩

区、综合服务区和地下室 3 部分。其中综合服务区分为两层，地上为休闲吧、海洋餐厅、住宿区，地下为小型汽车停车库及配套设施用房。建筑总面积约为 4 485 平方米，占地面积为 3 329.75 平方米。

2.2.2 建设时间及获奖情况

1. 秦皇岛林建设时间

入场时间：2020 年 3 月。

开工时间：2020 年 3 月。

竣工验收时间：2021 年 8 月 2 日。

2. 秦皇岛园建设时间

入场时间：2021 年 1 月 26 日。

开工时间：2021 年 1 月 31 日。

基础完工时间：2021 年 3 月 5 日。

主体结构完工时间：2021 年 3 月 31 日。

竣工验收时间：2021 年 9 月 6 日。

3. 获奖情况

秦皇岛林和秦皇岛园共获得综合类大奖 4 个、特等奖 2 个、金奖 3 个，专项类大奖 3 个、特等奖 5 个、金奖 5 个。

2.2.3 主要建设经验和典型做法

秦皇岛市高度重视雄安郊野公园相关建设工作，严格按照河北省要求的时间目标，提前高质量完成建设任务。雄安郊野公园秦皇岛林和秦皇岛园的主要建设经验和典型做法如下。

1. 真抓实干

秦皇岛园采用工程总承包（EPC）模式招标，2021 年 1 月 20 日完成招标工作，1 月 26 日建设队伍进场施工，当时面临进场施工晚、海洋馆建设难度系数大等困难。在建设过程中，建设人员实行清单管理，建立工作台账，制定路线图、时间表，采用倒排工期、昼夜施工、春节不休的方式，按时保质完成了建设任务，并成为首个完成实体移交并正式运营的展园。

2. 创新理念

秦皇岛林所在的村庄地块内建筑垃圾存量大、清理工期短。2021 年 1 月 28 日，秦皇岛市政府组织召开专题市长办公会议，决定对拆迁村庄建筑垃圾清理追加财政投资。2021 年 3 月，秦皇岛林利用建筑垃圾 15 万立方米、回填种植土 16 万立方米，本着"随形就势，构建多层次、多样化的微地形，打造形式多样、自然流畅的生态景观"原则，共构建 64 个绿化地形。河北省领导和省林草局领导在视察过程中，对秦皇岛城市林的建设进度和质量给予了高度评价。

3. 突出特色

秦皇岛林中心位置设有一处特色石榴园，栽植有 65 株大石榴树、200 多株小石榴树，作为秦皇岛林观花、观果、采摘的展示样板。建设人员围绕拆迁村保留古树，进行深化景观设计，新增景观石，形成"古树乡愁"特色节点，提升了古树的景观和文化价值。

4. 展现地域文化

城市展园整体采用现代风格，充分融入海洋元素，海洋馆内投放 140 余种各类海洋生物，配合室外秦皇岛本土海沙营造湖边"海滩"，力求使游客充分感受秦皇岛风格的海滨游览体验（图 2-2-1）。在试运营期间，展馆内游客络绎不绝。海洋馆成为新晋网红打卡地。

5. 学习借鉴

根据 2021 年 6 月 2 日省前方建设指挥部关于雄安郊野公园建设调度会的要求，建设团队学习借鉴第十届中国花卉博览会好的经验和做法，对展园林木遮蔽和花境改造方案进行提升，增强了展园的整体效果。

2.2.4 展园布展及运营

1. 布展主题

秦皇岛园的布展主题为"我的森林城，我的幸福家"（图 2-2-2）。

图2-2-1 秦皇岛园海洋馆（组图）

　　海洋馆展示森林茂密、湿地纵横、山青水绿、天蓝海碧、空气清新、万鸟翱翔、人与自然和谐共生的秦皇岛幸福家园。

　　秦皇岛市总面积达 7 812.4 平方千米，森林面积达 4 667 平方千米，林木覆盖率为 60%；中心城区绿化覆盖率为 41.2%，绿地率为 38.1%，人均公园绿地面积为 18.0 平方米，公园、游园数量为 151 个，沿海、河湖、库塘、森林、人工湿地面积约为 667 平方千米。13 条主要入海河流水质达到 Ⅲ 类以上，162 千米长海岸线近岸海域水质功能区达标率为 100%，各项生态指标达到全国先进水平。每逢春秋季节，秦皇岛都会成为东北亚—澳大利亚候鸟迁徙通道上的一个重要驿站，吸引大量鸟类在此停歇，补充体能。目前在秦皇岛发现的鸟类已达 524 种，且逐年增加，

图2-2-2 秦皇岛城市展园布展（组图）

其中有 114 种被列入国家二级以上保护物种。秦皇岛被世界观鸟爱好者称为观鸟的"麦加"。

秦皇岛市委、市政府近年来全面贯彻落实习近平新时代中国特色社会主义思想,以打造京津冀生态标兵城市为有力抓手,广泛凝聚全社会的智慧和力量,保护好山山水水,爱护好花草树木,呵护好鸟类生灵,全面开启了新时代生态文明建设的新征程。全国文明城市、国家森林城市、国家卫生城市、全国绿化模范城市、国家园林城市、中国观鸟之都、中国休闲生态旅游魅力之都……一张张亮丽的生态名片诠释出秦皇岛实施"生态立市"战略的科学发展内涵。

2. 运营情况

秦皇岛市提前谋划,精心部署,由秦皇岛市海滨林场负责"专题活动周"主题展,并做好农副产品展览展示,向广大游客宣传秦皇岛市的形象,提高秦皇岛市的知名度、美誉度、吸引力和竞争力。上海海奥水族科技发展有限公司负责秦皇岛园的试运营工作,进行海洋知识科普教育,展示海洋生物资源的多样性,同时也向人们展现神奇多彩的海洋世界。

总体运营情况

2021 年 10 月 1 日,秦皇岛园海洋馆开始试运营。2021 年国庆长假期间,秦皇岛海洋馆以鲜明的地域特色吸引了无数游客前来打卡。海洋馆内有五大体验区,让游客可以感受到与海洋生物近距离互动的乐趣,让人流连忘返。不少家长带着小朋友来到秦皇岛海洋馆,一起享受难得的亲子时光,让孩子们边玩边学,给孩子普及一些海洋动物、生物相关的文化知识。秦皇岛海洋馆成了试运营期间游客关注度最高、游览量最高的展馆,进一步弘扬了秦皇岛海洋文化,让普通民众进一步了解海洋,诠释"人与自然和谐共存"的理念,在寓教于乐、寓乐于游中提高人们对于生态环境保护的认识。

农副产品展示

海洋馆一楼大厅设置了特色农副产品展示区(图 2-2-3),集中展示了红酒、小米、板栗、蜂蜜及各类海洋产品 200 余件,极大地提高了秦皇岛农副产品的知名度。

图2-2-3 秦皇岛园特色农副产品展示区(组图)

2.3

承德篇

2.3.1 工程概况

1. 承德林工程概况

项目区位 承德林位于雄安郊野公园北部区域，呈狭长地带，临中华文明轴，北依南拒马河大堤，南接秦皇岛林、沧州林、辛集林、石家庄林，西临定州林，东至秦皇岛林。

项目规模 67 公顷。

项目投资 约 8 500 万元。

设计理念 以"美丽高岭，大美生境"为设计理念，以塞罕坝精神为内涵，以承德生态文明建设成就为蓝本，以承德自然地理特征为基底，承德林统筹山、水、林、田、湖、草等核心要素，构建蓝绿交织、水草丰美、花团锦绣的林苑空间及"林为体、水为脉、文为魂"的风景画卷。

主要建设内容 承德林遵循适地适树、造林手法与园林艺术结合、造林与营林并重、生态性与经济性兼顾原则，共栽植油松、国槐、金叶榆、五角枫、白蜡、楸树、海棠、山荆子、黄栌、山楂、紫叶碧桃等共 38 种树木 38 569 株，栽植大花萱草、八宝景天、二月兰、鸢尾、蛇莓、紫花地丁、葱兰、粉黛乱子草、麦冬等地被植物 25 种、38.4 公顷；塑造微地形 13.4 公顷，开挖水系 4.9 公顷，铺设地下灌溉管道近 3 万米，地被喷灌管网实现全覆盖，呈现出乔灌结合、针阔混交、高低错落、三季有花、四季有绿、秋冬出彩的景象。同时，承德林配套建设日、月广场 5 000 平方米，停车场 4 240 平方米，桥涵 11 座 220 米，滨水栈道 150 米，铺设 4 米宽园路 4 000 米、2 米宽园路 800 米。在全园重要节点摆放 15 处 53 块景观石，安装路灯杆 161 根、座椅 15 个、垃圾箱 18 个，设置命名牌 4 个、导向牌 4 个、标识牌 1 个、LED 显示屏 1 个、警示牌 20 个。

2. 承德园工程概况

项目区位 承德园位于雄安郊野公园城市展园西部，东临邢台园。

项目规模 约 9000 平方米。

项目投资 约 4 290 万元。

设计理念 承德园的总体设计理念是"北式园景，山囿鹿鸣"。其中，"北式园景"展现的是中国传统北方园林气势恢宏、稳重质朴、自然纯朴的典型园林景观风貌。"山囿鹿鸣"体现了北方别苑中独特的山林园林景致。游人徜徉于山间雅居之间，体味驯鹿林间的优美环境，充分表现了人居于自然环境之中的魅力，是人生活场景与大自然的有机结合，不仅表达中国人的山水情怀和对传统园林生活的追求，也呈现出中国哲学对自然山水的向往。

主要建设内容 承德林绿地面积约为 6 326 平方米，建筑面积约为 1 925 平方米，水系面积约为 697 平方米。展园内分为庭院区和鹿苑区。庭院区建筑由正殿、东厢房、西厢房、南门房组成。鹿苑区建筑由鹿舍、北门房、地下停车场组成。

2.3.2 建设时间及获奖情况

1. 承德林建设时间

入场时间：2020 年 3 月 8 日。

开工时间：2020 年 3 月 8 日。

竣工验收时间：2021 年 4 月 25 日。

2. 承德园建设时间

入场时间：2020 年 11 月 23 日。

开工时间：2020 年 12 月 3 日。

基础完工时间：2021 年 2 月 15 日。

主体结构完工时间：2021 年 4 月 15 日。

竣工验收时间：2021 年 5 月 30 日。

3. 获奖情况

在 2021 年 10 月雄安郊野公园全省建设工作评比中，承德林和承德园获得最佳城市林、最佳城市展园等 26 项大奖。

2.3.3 主要建设经验和典型做法

在承德市委、市政府的高度重视、正确领导和省前方建设指挥部的精心指导下，建设人员按照"学习雄安、支持雄安、服务雄安"的工作总要求，坚持高标准设计、高质量施工、高水平建设，努力克服建设工期紧、疫情形势严峻、环保施工压力大等不利因素，经过建设单位及施工单位的共同努力，全面完成了承德林和承德园的建设任务。

1. 提高政治站位，在组织领导方面坚持高位推动

承德市委、市政府专门成立了工作领导小组，下设承德林项目前线指挥部，具体负责项目组织、协调、实施等工作；强调要把建设承德林及展园作为支持雄安建设的难得机遇，坚持高水平设计、高标准建设、高质量施工，举全市之力切实把承德林打造为优质工程和标杆工程，再创生态文明建设新范例。

图2-3-1 承德林鸟瞰效果

2. 凝聚承德元素，在规划设计方面坚持突出特色

按照承德市委、市政府"高水平设计承德林及展园"的要求，承德林业和草原调查规划设计院联合北京林业大学和国家林业和草原局产业发展规划院对承德林及展园进行设计，力求做到"高起点、深立意、有内涵"；结合总规要求，经过多轮修改，努力打造出能够充分展示"塞罕坝精神"和承德生态文明建设成就的精品工程。

3. 对标雄安标准，在保障工程质量方面坚持严格把关

在整体建设方面，为充分保障项目建设质量，承德市林业和草原局选派4名干部长期进驻雄安，与监理方一道把关工程质量，确保严格按照规划图纸施工，严把苗木质量关，切实保障工程质量。在施工过程中，建设人员严格按照新区要求使用绿色施工材料，使用机械均符合国家检验标准，并在施工现场严格按照新区规定做到"三个百分百、六个全覆盖"，在保障施工进度与质量的同时也保护了新区的大气环境（图2-3-2）。

图2-3-2 对标雄安标准，在保障工程质量的同时保护新区大气环境（组图）

4. 力求别具一格，在景观提升方面坚持多措并举

建设团队一是精心打造重要景观节点，弘扬塞罕坝精神，体现承德特色。承德林重点打造彩叶林，日、月广场，海棠园，和合绿核，堤畔廊桥，乡愁林，凌波云影等景观节点。二是高标准增设景观石，按照省前方建设指挥部的要求，精挑细选，最终选出能体现承德特色的景观石53块。三是进一步提升地被景观，铺设草坪，补栽月季花，增设竹林，在重要节点铺设石板人行道。四是高质量安装城市家具。按新区文件要求，承德林安装智能路灯杆、座椅、垃圾箱，设置路标指示牌、LED显示屏，悬挂植物标牌等。承德林景观见图2-3-3和图2-3-4。

图2-3-3 承德林景观一（组图）

图2-3-4 承德林景观二
（组图）

绿色城市 美丽家园——雄安郊野公园规划与建设（下册） | 038
GREEN CITY, BEAUTIFUL HOME--PLANNING AND CONSTRUCTION OF XIONG'AN COUNTRY PARK(VOLUME II)

2.3.4 展园布展及运营

1. 布展主题

承德园的布展主题为"承德市生态文明建设成果及非物质文化遗产展示"，见图 2-3-5。

图2-3-5 承德园布展情况(组图)

2. 活动内容及成效

雄安郊野公园承德园由承德市建设投资有限责任公司运营，展示部分主要设在展园内正殿，分为绿色生态展厅、承德市满族非物质文化遗产精品展厅和非遗研学讲堂 3 个部分。

绿色生态展厅主要展示"绿水青山就是金山银山"的理念。承德是京津冀水源涵养功能区、塞罕坝精神的发源地。近年来，承德市全面贯彻习近平生态文明思想，秉持"绿水青山就是金山银山"理念，加快构建全市"3+3"主导产业和县城"1+2"特色产业体系。随着"碳达峰、碳中和"国家战略的实施，承德正全力推动经济社会全面绿色转型，着力构建绿色低碳循环，发展现代化经济体系，为建设美丽中国、实现人与自然和谐共生的美好愿景贡献承德智慧和力量。

承德园展出山庄文化、承德玉、民间手工艺3个系列60件（套）文创产品，将文创产品作为有形载体来表达与传递无形的承德文化，让游客通过购买与消费文创产品，真正能够把承德文化带回家，从而在更广阔的范围与更深远的层次传播承德文化，实现对潜在旅游消费市场的有效带动与转化。

承德市满族非物质文化遗产精品展厅遴选了承德传统手工技艺类非遗项目的部分精品力作，以滕氏布糊画、丰宁满族剪纸、满族升斗刻词等为主，通过非遗精品展示，让更多的人了解非物质文化遗产是文化绵延和历史变迁的最好见证，是维系心灵、构成文化认同的力量源泉，唤起传统文化的生命力，让古代先贤的情怀、智慧能在时代语境里观照当下，赋予今人以积极的思考和正能量。保护和利用好非物质文化遗产对于坚定文化自信、构建"生态强市 魅力承德"具有不可忽视的作用。

在非遗研学讲堂，传统手工技艺类非遗项目的代表性传承人开展现场展示和公益讲座，丰宁满族剪纸、布糊画、满族传统木作技艺和铁艺宫灯等方面的4名传统手工技艺的传承人进行现均技艺展示。展厅的设立主要是为了促进非遗知识的普及和非遗项目的传承，让广大观众亲自体验，深入了解非物质文化遗产的知识和理念，体验非物质文化遗产多彩的艺术魅力，从而进一步增强广大群众对非物质文化遗产的保护意识，激发广大群众的积极性和创造性，正确引导人们保护和传承非物质文化遗产。

2.4

张家口篇

2.4.1 工程概况

1. 张家口林工程概况

项目区位 张家口林位于雄安郊野公园最西侧，北临南拒马河，南部与邯郸林相接。

项目规模 约 100 公顷。

项目投资 约 6 750 万元。

设计理念 张家口林以"大好河山张家口，塞上明珠冬奥城"为主题，突出生态自然理念，体现以绿色发展为核心，形成以两山（燕山、太行山）两水（洋河、桑干河）为骨、山体森林和草原湿地为屏的首都"伞形"生态环境支撑格局。总体设计理念融合首都"两区"建设目标，建设天蓝地绿水清、生态宜居宜业的首都"后花园"，为建设绿色城市、发展绿色经济贡献力量。

主要建设内容 张家口林绿化总面积约为 100 公顷，其中包含灌木 70 余种、地被花卉 50 余种，栽植乔木 4.6 万株、灌木 1.97 万株，在园路设计范围内移植苗木共 1 万株（内部移栽 2 970 株），栽植地被 16 万平方米，建设二级、三级园路共 3 400 米，建设一级驿站 700 平方米；建设二级驿站（位于一级驿站的南面）300 平方米，建设 3 个卫生间、3 个节点平台和围栏 653.59 米，设置路灯、垃圾桶、坐凳、标识牌等城市家具 341 套。

2. 张家口园工程概况

项目区位 张家口园位于河北省展园集群东部片区位置，东临衡水园，南接廊坊园，北临沧州园，位于主水系西北边，视线开阔。

项目规模 约 2.1 公顷。

项目投资 约 1.53 亿元。

设计理念 张家口园将代表张家口特色的"山（褶皱）、河（曲折）、城（磅礴）、草（苍茫）"演变为展园景观，展现张家口市的历史文化和自然生态风貌，将张家口山脉褶皱的地形地貌、武城磅礴的城楼、曲折的滦河、坝上苍茫的草原等地方特色进行解构重组，浓缩于展园设计之中。

主要建设内容 展馆建筑面积 9 600 平方米，主要建设篮球馆兼羽毛球馆、游泳馆、滑冰场、餐厅及地下停车场；体育场占地约 2.4 公顷，主要建设一个 11 人制足球场、两个 5 人制足球场、3 个网球场以及 1 个游客服务中心，服务中心内设休息区、餐饮区及办公场所。

张家口林以生态林为主、秋叶林为辅，优化林地空间格局，完善内外交通组织、休闲健身、基础服务设施建设；用高规格、多树种、多层次、多色彩的绿化美化手法，构建绿化、彩化、香化的复合生态体系，达到有遮有透、自然舒畅的生态景观效果，同时注重生态效益、景观效益、经济效益、社会效益的有机结合。

2.4.2 建设时间及获奖情况

1. 张家口林建设时间

入场时间：2019 年 3 月。

开工时间：2019 年 3 月。

竣工验收时间：2021 年 6 月。

2. 张家口园建设时间

入场时间：2020 年 11 月。

开工时间：2021 年 1 月。

基础完工时间：2021 年 2 月（正负零）。

主体结构完工时间：2021 年 4 月。

竣工验收时间：2021 年 9 月。

3. 获奖情况

张家口林和张家口园共获得综合类大奖 2 个、特等奖 2 个、金奖 5 个，专项类特等奖 1 个、金奖 2 个。

2.4.3 主要建设经验和典型做法

雄安郊野公园自启动建设以来，张家口市高度重视，严格按照省要求的时间目标，提前高质量完成建设任务。雄安郊野公园张家口林和张家口园的主要建设经验和典型做法如下。

张家口市主要领导和分管领导高度重视，精心指导。2019 年 12 月 2 日，中共张家口市委办公厅、市政府办公厅成立了张家口市雄安郊野公园筹建工作领导小组。张家口市林业和草原局与张家口建设投资集团有限公司（以下简称"建投集团"）组建了张家口市雄安郊野公园建设工作专班。张家口市多次召集有关部门听取设计方案汇报，提出修改意见，迅速落实建设资金，同时将该工程纳入市委、市政府重点工作并在市"两会"上作出承诺，要高标准完成建设任务。市领导多次到项目现场实地调研、检查项目建设情况，要求全面对标对表雄安质量，严把时间节点，高标准、高质量推动项目建设，为雄安新区规划建设作出贡献。工作专班常驻雄安新区现场开展工作，为雄安郊野公园建设工作的顺利实施打下坚实基础。

张家口园的设计方案以总规为纲领，坚持"世界眼光、国际标准、中国特色、高点定位"的设计原则，提炼融合历史、经济、文化、区位等特色，按照张家口市委、市政府要求，委托国家林业和草原局产业发展规划院、北京林业大学、中建设计集团编制了张家口城市林和城市展园的规划设计方案。

最终的方案做到了建筑精美考究、景色新颖别致、体验耳目一新，实现生态文化内涵与展园景观风貌的有机结合。

张家口市高度重视张家口园的建设工作，抽调专业技术人员，组成雄安郊野公园工作专班，并由建设集团相关领导兼雄安郊野公园张家口园项目总指挥，整个工程工期紧、任务重，建投集团勇挑重担，主动担当，多措并举搞建设。建设者们始终坚守一线、日夜奋战，克服了基础设施不完善、冬季施工、春节假期放假、疫情防控等不利因素，确保项目高质量如期竣工。

项目实施主体为塞林集团。塞林集团相关领导自建设工作开始以来，亲赴雄安新区，扎根建设一线，带领一支平均年龄不足 30 岁的队伍，在面临多方压力的情况下，临危不乱，将工作推动得有条不紊。同时，面对工期紧张、工程规模大的严峻形势，塞林集团领导身先士卒，在连续 5 个月无休的情况下带领援建队伍夙兴夜寐、挑灯夜战，推进项目顺利竣工。

特别能吃苦、特别能战斗、特别能啃硬骨头的塞林人奋战在雄安大地，晒黑了脸，磨破了鞋，五加二、白加黑，日夜鏖战在主战场。按照时间节点要求，他们细化施工方案，倒排工期、挂图作战，统筹抓好施工安全，确保如期高质量完成建设任务。

图2-4-1 张家口林

"绿了荒山白了头，誓还清水与蓝天"的塞林精神激励着每位援建人员踏破荆棘和寒冬冰雪，必将"大好河山，落户雄安"的光荣使命完美完成，在雄安大地上，书写浓墨重彩的新篇章（图2-4-1）。

建设者们在施工过程中遇到重重困难，但他们不辞辛劳，凭借过硬的技术和超高的智慧，将面临的困难一一克服（图2-4-2）。

张家口林内多处包含大面积现状林，这给前期建设增加了不少难度，不仅需要规划整体布局，还需要考虑现状林的移植位置和与新建林的种类搭配，这对整个林地规划设计带来不利影响。建设团队在结合现状林的基础上，规划园内道路，依据现有空间，塑造满足植物生长的微地形，增加中下层，形成乔灌木复层种植空间。

张家口园的滑冰场需要真冰，这对施工单位提出了难度很大的技术要求。他们利用新型环保制冷剂 R507A、40% 乙二醇作为载冷剂，降温到零下 15 摄氏度，利用水泵输送到 HDPE（高密度聚乙烯）管网中，在混凝土地面上洒水冻冰。

张家口园幕墙设计结构形式为钢框结构，造型为不规则多样造型，其外饰面由 550 块异形板组成，包含近 70 万个装饰，由于每块钢板的尺寸均不一致，装饰孔的位置分布也不相同，故需要完成 550 块钢板的 CAD 加工图，这对建模速度和切割精度有很高的要求，复杂的工艺导致加工难度极大。现场各方克服重重困难，使得此项目从设计到完工仅用时 40 天。

2.4.4 展园布展及运营

1. 布展主题

张家口园的布展主题为"冬奥、冰雪、体育"（图2-4-3）。

图2-4-2 施工现场

2. 展示内容

张家口市签约专业运营公司———张家口国际冰雪产业发展有限公司（以下简称"冰雪公司"）介入河北省绿化博览会的运营工作。为高质量完成张家口市参展相关工作，张家口市成立了以市委书记为名誉组长的绿化博览会参展工作领导小组。

"我们结合张家口市的特点与张家口园特色，后期将全方位展示张家口市在冬奥会筹办、首都'两区'建设、京张体育文化旅游带建设等方面取得的成果。"冰雪公司相关负责人介绍，将根据道路及人流走向和现有植物搭配，就张家口园及城市林各标志性节点进行深化设计，丰富种类，科学搭配，达到特色纷呈的效果，于"专题活动周"举办特色文艺演出、非遗文化展演、特色生态产品展示、经贸交流、生态旅游推介等活动，集中展示张家口市生态文明建设成就；此外，制作宣传片和宣传册，内附反映张家口市历史文化、城市发展、冬奥氛围、首都"两区"、国土绿化成就的图片、文字等素材，一方面展示张家口的城市底蕴与未来发展，另一方面突出宣传张家口市国土绿化和张家口园建设成效；同时认真做好展览期间的宣传报道，在会展期间以新闻报道、短视频等多种形式集中宣传报道张家口市参与雄安郊野公园建设的各项工作。

3. 运营情况

张家口园在运营期间，通过以下5点全方位、高标准、高质量地完成了展园开园期间的运营、宣传、接待工作。

图2-4-3 张家口园实景（组图）

设立张家口城市特色展示区

为充分展示张家口的历史文化、民俗风情及区域特色，凸显张家口作为冬奥之城、体育之城、首都水源功能涵养区、首都生态环境支撑区的城市风貌，冰雪公司运营团队依托现有场馆设施，将冰场北侧区域设立为张家口城市特色展示厅，对张家口市冬奥主题特许商品、蔚县剪纸、宣化瓷器等特色产品进行推广；同时，通过展示墙设计凸显冬奥经济下张家口的飞速发展以及京张体育文化旅游带的特殊含义（图2-4-4）。

设立冰雪装备商品售卖区

运营团队考虑到张家口园内设真冰滑冰场及室外旱地滑雪场，对冰雪装备具有一定程度的需求量，将张家口本地优质的冰雪运动装备引入展园进行展示、租赁和销售（图2-4-5）。

体育培训

为增强雄安当地人民参与冰雪运动的热情，冰雪公司运营团队成立冰雪培训团队，中小学生以学校团建形式、自主报名形式参加专业冰雪运动的学习。展馆内开设的项目包含：基础滑冰教学、冰球教学、冰壶教学、速度滑冰教学和基础滑雪教学。同时，面向社会大众开设青年班、成年班，让更多的人参与冰雪运动（图2-4-6）。

图2-4-4 展示墙

图2-4-5 冰雪运动装备及运动场馆(组图)

图2-4-6 促进体育培训

2.5

唐山篇

2.5.1 工程概况

1. 唐山林工程概况

项目区位 唐山林位于河北雄安郊野公园最东侧区域，东临京雄高速，南抵容易线，北达堤顶路，西临衡水林、秦皇岛林、廊坊林，南北向纵贯郊野公园。

项目规模 88公顷。

项目投资 1.11亿元。

设计理念 唐山林遵循林景结合、以林为主、兼做景观的总体建设原则，采取近自然林木种植模式、集约节水管护模式进行建设。设计充分考虑了门户、窗口的形象定位，运用生态设计手法，以丰富的地形、科学的种植营建掩映开合、季相丰富的门户景观效果。园区整体地形呈峰谷交错、峰峦起伏之势，种植呈现"金角银边、金峰绿底""蓝绿交织、大开大合"的布局，营造出峰谷错落、四季有绿、四季有彩、大写意、大风景的风景林效果。北部区地形三泖九峰，金色叶树种与常绿的白皮松、油松构成金峰绿底，山谷花溪蜿蜒，一年四季景致不断。最高峰设观景台，可总览北部诸景；南部区通过地形的掩映开合营建门户效果，避免一览无遗，山坡上春花彩叶，园内景观若隐若现。总体设计达到了地形最丰富、造林标准高、地被全覆盖和全园节水喷灌、智能管控的效果。

主要建设内容 主要工程建设内容包括土方工程、绿化工程、给水喷灌工程、道路铺装工程、景观电气工程、公园服务设施工程等。唐山林建设过程及建设效果见图 2-5-1~ 图 2-5-19。

| 3月份 | 4月份 | 5月份 | 9月份 |

图2-5-1 鸟瞰进展变化图（组图）

图2-5-2 2020年3月13日实景图

图2-5-3 2020年3月15日实景图（组图）

图2-5-4 2020年3月20日实景图

图2-5-5 2020年3月29日实景图（组图）

图2-5-6 2020年5月20日实景图

图2-5-7 2020年8月4日实景图（组图）

图2-5-8 2020年10月8日实景图（组图）

图2-5-9 监理验收（组图）

图2-5-10 苗木栽植（组图）

图2-5-11 透水路铺装（组图）

绿色城市 美丽家园——雄安郊野公园规划与建设（下册）｜ 050
GREEN CITY, BEAUTIFUL HOME—PLANNING AND CONSTRUCTION OF XIONG'AN COUNTRY PARK(VOLUME II)

图2-5-12 安全教育（组图）

图2-5-13 停车场建设过程航拍（组图）

图2-5-14 拆防寒材料　　图2-5-15 挖给水管道　图2-5-16 给水系统PE管（聚乙烯管）焊接

图2-5-17 2021年3月20日实景（组图）

图2-5-18 2021年4月20日实景（组图）

图2-5-19 2021年5月17日实景（组图）

2. 唐山园工程概况

项目区位 唐山园东临京雄高速，南抵容易线，北达堤顶路，西接秦皇岛园、廊坊园和衡水园，为郊野公园东侧窗口和主门户区位，地理位置重要，是雄安郊野公园最大园区之一。

项目规模 约3公顷。

项目投资 2.57亿元。

设计理念 配套服务设施设计遵循绿色生态发展的理念，建筑形态自然流畅，融于周边环境。配套服务设施主楼由3座错落有致的弧形建筑组成，整体布局形如花朵，层层退台的花园、玻璃幕墙结合木色百叶的设计体现自然生态特征。3座主楼围绕巨大的配套服务设施大堂，中庭环抱通高的绿色庭院，使室内外打破空间边界，达到"厅内有庭、庭外有厅"的意境，彰显绿色生态的理念。每个房间都有落地窗和观景阳台，游客可将展园美景尽收眼底。室内整体设计采用绿色生态和现代艺术相结合的手法，通过现代设计手法和材料，塑造出简约现代的室内风格。室内以木色和暖灰色为主调，简单舒适，突出生态环保主题。

主要建设内容 配套服务设施建筑面积1.9公顷，其中地下建筑面积6 600平方米，主要包括100个停车位、地下人防工程、餐厨后勤用房以及设备用房。地上建筑共3层，面积1.19

公顷，充分纳入绿化元素，形成建筑与景观融为一体的整体风貌。配套服务设施建筑结构为装配式，设计遵循科技创新理念，首创采用 CSM（混凝土＋钢结构＋模块化）组合结构体系，二三层和设备间共 132 个独立模块，模块加工件和室内粗装件为工厂化生产，其加工与现场施工同步推进，大大缩短了施工周期，减少了施工污染。此建筑在模块化设计方面实现了两大突破：开拓性地使用模块化钢结构建筑体系，设计使用年限 50 年，突破了国内模块设计领域的限制；项目模块集成体系创新技术——自主研发的注浆节点突破了模块建筑结构设计的瓶颈。唐山园建设过程见图 2-5-20~ 图 2-5-22，建成后实景见图 2-5-23，全景见图 2-5-24。

图2-5-20 基坑开挖（组图）

图2-5-21 主体结构封顶及二次结构建设（组图）

图2-5-22 监理验收(组图)

图2-5-23 建成后实景(组图)

图2-5-24 唐山园全景

2.5.2 建设时间、获奖情况及过程

1. 唐山林建设时间

入场时间：2019 年 10 月 31 日。

开工时间：2019 年 11 月 15 日。

竣工验收时间：2021 年 8 月 18 日。

2. 唐山园建设时间

入场时间：2020 年 12 月 10 日（施工前期准备工作）。

开工时间：2021 年 1 月 15 日。

基础完工时间：2021 年 2 月 15 日（正负零）。

主体结构完工时间：2021 年 3 月 10 日。

竣工验收时间：2021 年 6 月 16 日。

3. 获奖情况

在 2020 年雄安郊野公园建设指挥部组织的 2020 年度综合考核中，唐山园以综合得分 95.5 分的优异成绩，在全省 14 个地市中位列第一。唐山林和唐山园获奖 24 项，唐山市政府获最佳组织奖。

4. 建设过程

唐山园的建设成效位于全省前列，建设速度最快，建设投资最高（雄安新区主场馆除外），接待视察任务最重，建设成效得到省委主要领导充分肯定。

唐山园建设人员高标准、高质量地完成了省委、省政府下达的雄安郊野公园唐山展园建设任务，并为其他各市进场施工理清了工作程序，提供了工作借鉴，打开了前进道路；当标杆、做示范，各项工作走在前列。

2.5.3 主要建设经验和典型做法

1. 领导重视，强力组织

2019年9月，河北省委、省政府下达雄安郊野公园建设任务后，唐山市迅速成立了以市长为组长、常务副市长为副组长，市自然资源和规划局等相关单位为成员的雄安郊野公园唐山园筹建工作领导小组，落实推进此项工作。领导小组明确了各单位职责分工，其中市自然资源和规划局履行领导小组办公室职责，负责综合协调、上报下答、指导建设等工作；唐山市新城市建设投资集团房地产开发有限公司（以下简称"新城市投资集团"）负责整个项目的实施建设；市财政局负责做好项目建设的资金保障；市城管局负责提供绿化技术指导、咨询服务。市政府明确提出要高标准规划、高质量建设、高效率推进、"当好全省示范标杆"的工作目标，将雄安郊野公园唐山园建设纳入市推进京津冀协同发展工作重点工作内容，由市委市政府督查室、推进京津冀协调发展领导小组办公室按期定时督办进展。在整个建设过程中，唐山市主要领导多次听取汇报，做出"在雄安郊野公园建设上，走在前、当标杆"的指示要求，先后3次赴雄安唐山园现场调研指导项目建设，定期召开专题会议研究部署具体工作，为项目建设提供了坚实保障。

2. 队伍争先，高效推进

为确保高质量、高效率完成市委、市政府下达的任务，筹建工作领导小组成员单位强化责任担当，按照"事争一流、当好标杆"的要求，全面落实省雄安郊野公园筹建工作领导小组、省前方建设指挥部和省、市领导的指示批示精神，高标准、高质量、高效率地推进项目建设工作。市自然资源和规划局和新城市投资集团落实"五个一"工作机制（一项任务、一名领导、一个专班、一套方案、一抓到底），抽调专人，组成工作专班，建立前方建设指挥部，压实责任，确保每项工作责任落实到人。唐山园的建设实现了最早进入雄安对接工作，最早提交方案并获得省委主要领导审阅通过，最早完成雄安新区立项审批、土地交接、现场勘测、项目EPC招标、监理、跟踪审计招标等工作，最早入场开工，最早建有成效，最早建设完工，最早完成资产移交，所有工作为其他地市项目建设提供了借鉴，理清了建设程序。设计方案、工序组织、环保建设、建设成效、建设质量与进度得到省委、省政府领导多次表扬。

3. 高标规划，高标建设

唐山园区位重要，为东侧门户区，为实现高水平设计，国家级设计团队中国中建设计集团有限公司城乡与风景园林规划设计研究院负责规划设计工作。

"好设计要真落实"，为保证建设质量，唐山园施工建设严格监理制度，选择优质队伍。唐山园设计单位中建设计集团有限公司城乡与风景园林规划设计研究院是一家国内著名设计单位，设计力量一流，创作了众多典范作品。唐山林施工单位为天津绿茵景观生态建设有限公司，这是一家上市园林绿化公司，其精细的施工、高效的组织、严格的管理保证了唐山林建设的高质量。雄安郊野公园建设完成后，唐山林的林木成活率、保存率在 98% 以上，建成效果优于设计图效果。唐山园施工由中建科技集团有限公司组织实施。作为央企，该公司有着雄厚的技术力量与管理经验。城市展园结构设计首创采用 CSM（混凝土 + 钢结构 + 模块化）组合结构体系，设计与施工突破多种难题。2021 年 5 月 11 日，河北省领导率省直有关部门同志视察雄安郊野公园，称赞唐山城市展园"用心打造、科技创新、生态智慧，这才是代表雄安的标杆""这样的'之最'就应该出自千年雄安"。

4. 英雄城市，倾情奉献

雄安郊野公园建设，唐山园奋力争先，树唐山担当，给全省各地园区当标杆、做表率。一是严格贯彻落实省委、省政府的工作指示，克服各种困难，确保按时限完成各阶段工作任务。园区建设启动之初，建设团队超前谋划，与雄安新区各部门紧密配合，理顺工作流程，完成建设手续、施工设计、施工前各种准备；疫情防控紧张时期，组织队伍提前进入雄安隔离备战，确保 2020 年 3 月 5 日准时开工，为雄安郊野公园建设开好局。二是环保施工、安全施工、文明施工，做建设示范标兵。两年的建设，唐山园无一起安全事故，文明施工得到了地方群众、兄弟单位的一致好评；与京雄高速、道路水系等基础建设施工单位文明协商、安全礼让、依法合规交接，保证了各方施工运转。三是当好宣传窗口，展示雄安建设成效。2020 年 6 月，唐山林按时限高标准完成所有已交付地块绿化工作，成为雄安郊野公园建设成效的主要展示窗口，两年来迎接了国家林草局及省、市各级领导多次视察和社会各界观展，取得良好的社会效果。四是勇于担当，建优质工程。在雄安郊野公园的建设中，除雄安园外，唐山园投资最高，城市林成为雄安建设形象的主要展示窗口，最早完成建设，最早交接使用。市财政局保障资金，市审计局全程指导和监督，工作专班优化施工组织，制定周密计划，加强现场调度，全方位打造"精品工程""样板工程""平安工程""廉洁工程"。

2.5.4 展园布展及运营

1. 布展主题

唐山园的布展主题为"英雄城市 绿色唐山"。

唐山园位于雄安郊野公园东北部，占地约 3 公顷，由核心展览区和园林配套服务设施区两部分组成。展园整体设计构思围绕种子、扎根和节节生发的主题展开，表达了"种子""根系"和"花朵"的生长形态意象。从空中俯瞰，展厅呈现出一粒种子形态，室外展场为根系形态，配套服务设施建筑形态为一朵盛开的花朵。在功能方面，展园除满足居住、餐饮、会议功能外，突出展示生态、科技与文化。

2. 展示内容

核心展览区

唐山市又名"凤凰城"。核心展览区整体布局是一只拟态飞舞的凤凰。建设人员充分贯彻生态理念，利用生态手法和材质进行景观塑造，并适当结合唐山市本地特色材料，建成枕木汀步、生态素土道路、生态片麻岩铺装等，形成地域文化鲜明、生态朴野的展园环境。全园共种植景观植物 150 余种，其中乔木类 30 余种、小乔木及花灌类 40 余种、矮灌木及地被类 70 余种，乔灌草物种比为 3:4:6。

景观入口区为代表唐山城市形象的丹凤朝阳雕塑，取"凤凰涅槃"之意，是唐山抗震精神的体现与代表。雕塑原型位于唐山南湖公园，为韩美林大师的鼎力巨作，此雕塑高 4.5 米，与原型比例为 1:16。

入口处左手边"板栗种植区"是特色种植代表区，迁西板栗是著名的唐山特产之一，它以软糯香甜闻名于世。这些树木就是来自迁西县的板栗树，树下换填了在当地挖取的片麻岩风化土。

游览区以生态格栅对曹妃甸新城、矿山修复区、唐山花海等生态建设成就进行了展示。园内曲步回转中有下沉式观景台，观景幕墙为叠水幕墙，高约 2 米，上端与展园水系持平，水幕下采用铜板剪影的形式对南湖公园经典景点进行艺术化展示，展示景点依次为丹凤朝阳、九孔桥、世园会大门、异国风韵馆、龙泉梵舍、桃源朝凤、龙阁望月等。南湖公园是唐山城市转型优秀案例代表之一，是自然资源部公布的第二批"生态产品价值实现"典型案例。

整个游览区花岛、湖景亮丽，防腐木屑构成轻柔的小路，冷雾营建出梦幻般的效果，全园

图2-5-25 核心展览区景观（组图）

灯光、音响智能控制，多种智慧体验和城市人文相互组合，科技和城市结合且互动，让人们在感受科技的同时，了解城市文化。核心展览区景观见图 2-5-25。

配套展厅

展厅共设置"序厅""第一篇章 伟大目标""第二篇章 英雄唐山""第三篇章 历史文化""第四篇章 伟大实践"5 个部分，共计 18 块展板。

1）"序厅"将唐山城市剪影与以南湖丹凤朝阳广场为核心的大幅南湖公园俯视图有机结合，让游人领略唐山"后花园"——南湖公园的秀美景色。

2）"第一篇章 伟大目标"。宣传片展示了唐山人民在党和政府的坚强领导下，经历了 10 年重建、10 年振兴、20 年快速发展所取得的凤凰涅槃般的奇迹；特别展示了在"三个努力建成、三个走在前列"目标指引下，唐山开展的建设行动及取得的成就。

左侧为"三个努力建成"展区，其通过电子翻书的形式，展示了唐山市明确推进"三个努力建成"的路径和目标，以及取得的令人瞩目的成就。游客可站在展台前方，在空中左右挥动手臂，翻动显示屏中的虚拟书页，阅读"三个努力建成"的相关内容。

右侧"三个走在前列"展区通过电子翻书的形式，展示了唐山市以"三个走在前列"为路径和抓手，促进高质量发展的生动实践。游客可站在展台前方，在空中左右挥动手臂，翻动显示屏中的虚拟书页，阅读"三个走在前列"的相关内容。

3）"第二篇章 英雄唐山"。本展区通过电子展板的形式，依次展示了英雄唐山人民的五种精神，分别是李大钊铁肩担道义精神、开滦工人特别能战斗精神、王国藩穷棒子精神、沙石峪当代愚公精神和唐山抗震精神。

4）"第三篇章 历史文化"。此部分共设置 10 块电子展板，依次向人们展示唐山在中国工业史上创造的"七个第一"，这"七个第一"使唐山雄踞中国工业城市之首，奠定了唐山作为中国近代工业摇篮的地位。"现代工业"展示唐山市推进产业结构优化升级，坚持走新型工业化道路，以及取得的代表成就。

电子展板围合的场地中间陈列了"高铁动车组"人工智能展示模块。该模块选用中车唐山机车车辆有限公司生产的 CR400BF 型"复兴号"中国标准动车组模型。游客可通过台面上的"左移""右移"按钮，控制透明屏沿轨道滑动到设定的互动点，在透明屏上看到相应互动点处 CR400BF 型"复兴号"的内部结构。"唐山造"高速动车成为中国铁路的亮丽名片、世界高铁的一流品牌。

"唐山民俗文化厅"以电子相册的形式展示了唐山非物质文化遗产，使人们领略唐山地域民俗风情,感受唐山人的文化底蕴。"冀东文艺三枝花"电子相册介绍了冀东文艺"三枝花"——评剧、皮影、乐亭大鼓的相关知识，并展示了相应传统剧目视频，使人们更好地了解唐山地域优秀传统文化。"脸拍照""皮影戏互动""乐亭大鼓节奏大师"等项目运用科技手段，让人们更近距离地与唐山传统文化相交流。

5）"第四篇章 伟大实践"。此部分共设置 5 块展板和 1 种虚拟漫游体验。"南湖生态公园""唐山花海""矿山治理"等展板以艺术图文的形式，向人们展示了唐山市委、市政府坚决贯彻落实习近平生态文明思想，在推进城市生态转型升级建设中所取得的成就。"漫游南湖生态公园"则引入科技手段，以骑行形式让人们虚拟漫游，领略南湖美景。

展厅出口处，大屏幕视频播放着饱含唐山深情的《唐山等你来》歌曲 MV，向游客们展示唐山辉煌的历史、朝气的当下、美好的未来，将唐山名片传递给全世界，敞开怀抱迎接八方来客。配套展区见图 2-5-26。

图2-5-26 配套展区（组图）

3. 活动内容及成效

2021 年 9 月 25 日至 30 日，在雄安郊野公园主广场和唐山园，唐山市组织完成了唐山专题活动周暨雄安郊野公园唐山园"迎国庆"系列文艺展演活动，期间组织中国新闻社、《河北日报》、河北广播电视台、长城新媒体、《唐山劳动日报》、唐山广播电视台等中央、省、市级新闻媒体进行集中采访报道，唐山发布、网易新闻、唐山大凤凰社区、唐山印象、唐山新鲜事等网络媒体联动宣传，采用文、图、视频全媒体手段，对雄安郊野公园唐山园进行全方位、多角度宣传报道。本次活动共发布宣传稿件 44 篇，营造了浓厚的宣传氛围。专题活动周启动仪式暨迎国庆文艺演出通过《燕赵都市报·冀东版》官方微博平台直播，引起广泛关注。

　　唐山城市展园内举行了为期一周的唐山非遗文化和技艺展演、唐山生态文明建设成果及绿色产品展出。以展馆前园区为主、正门区为辅，唐山园共设计制作展板 60 余平方米，绿色主题条幅、横幅 280 余米，制作安装主题展示小品 45 个点位，铺设红地毯约 300 平方米。

　　活动周期间，唐山园在展厅楼顶设置舞台，面向全园游客，组织乐亭大鼓、唐山评剧等唐山地域特色的文艺演出 12 场次；展厅内和展厅门前，全天候组织唐山皮影、开平手工制瓷等两项国家级和省级非遗技艺展演，吸引了众多游客观赏和参与。同时，展厅内制作了系列宣传展板、展架，对唐山市板栗、核桃、山楂、红薯、大枣等 8 个大类 27 个小类的特色农林业产品等进行了现场展示和推介。

　　雄安郊野公园主广场的开幕式现场举办了大型文艺展演活动（图 2-5-27），演出时间 90 分钟，节目包括俏夕阳皮影舞、评剧演出、歌舞、乐亭大鼓、皮影等，共 10 个节目、82 名演员参与演出。参与演出的多名演员拥有国家级、省级专业职称，多个节目曾登上央视春晚和《曲苑杂坛》及《南腔北调》等节目。现场发放了唐山园宣传折页、国旗、口罩、雨披和板栗、安梨产品等唐山特色伴手礼 150 份；制作设置 5 米道旗 34 面、3 米彩旗 42 面；制作设置 3 米×4.5 米拉网展板 260 余平方米，展示唐山生态建设取得的成就；设置了唐山非遗文化制作和展示区、疫情防控点、签到区等功能点位。开幕式现场组织 20 余家中央、省、市级传统媒体及自媒体对"唐山专题活动周"开幕仪式暨雄安郊野公园唐山园"迎国庆"文艺演出进行了新闻宣传报道。

　　同时，开幕式当天，唐山市林业系统 80 余人进行了唐山林和城市展园游园活动，学习建设经验。

4. 运营情况

　　项目建成后，由唐山市新城市建设投资集团唐山建投饭店管理有限公司负责试运营，试运营期间接待游客参观、休息，为指挥部提供会议、办公服务，为工作人员提供餐饮、住宿服务等。2021 年 10 月项目移交河北雄安绿博园绿色发展有限公司（以下简称"雄安绿博园公司"）进行管理运营。

图2-5-27 开幕式现场(组图)

2.6

廊坊篇

2.6.1 工程概况

1. 廊坊林工程概况

项目区位 廊坊林位于雄安郊野公园东部，东临景观门户风景带，与雄安新区城市林隔河相望，南依东湖及员峤岛，东临京雄高速。

项目规模 68 公顷。

项目投资 约 9 500 万元。

设计理念 廊坊市始终坚持盛世建园的理念，突出"京津乐道，绿色廊坊"的规划主题，以"一园两轴四区"作为景观结构。"一园"为廊坊城市展园，"两轴"为炫彩迎宾景观轴、最美乡道景观轴，"四区"为林田交响区、森林课堂区、翦水秋瞳区、廊坊林核心区。廊坊林采用"异龄、混交、复层"模式，形成大开大合、朴野生动的近自然森林风貌，在色彩上巧妙运用蓝绿交织的手法，体现"绿色廊坊"的理念。

主要建设内容 廊坊林种植模拟自然林带，通过常绿树种和具有丰富色彩的树木品种营造自然生态的森林景观。其中种植乔灌木 120 余种，地被花卉 70 余种，苗木总量 36 000 余株，森林覆盖率达到 90% 以上。廊坊林包括常绿林、春花林、秋叶林、花果林等，绿化苗木主要为油松、白皮松、白蜡、黄栌、碧桃、金银木、圆柏、锦带花、紫丁香、悬铃木、山桃、银杏、国槐、珍珠绣线菊等；地被面积约 24 公顷，地被植物主要为欧石竹、狼尾草、荷兰菊、柳叶马鞭草、青绿苔草、蓝花鼠尾草、大花萱草、紫松果菊、玉簪、三七景天等。二三级园路 4 523 米；配套设施包含三级驿站 1 座、公共厕所 1 个。廊坊林展示了"绿色廊坊"的生态发展理念。

2. 廊坊园工程概况

项目区位 项目位于雄安郊野公园的东部湖区北岸，东临衡水园。

项目规模 1.8 公顷。

项目投资 1.41 亿元。

设计理念 展馆定位为文化艺术馆，是以文化艺术为核心，集文化艺术展览、民俗活动、康养、电子动漫体验于一体的特色展馆，同时具备餐饮、住宿、接待、地下停车等配套设施。

廊坊园整体设计以廊坊地域文化为创作出发点，展现廊坊城市特色。设计灵感源于廊坊的城市名称，并以中式合院传统园林为蓝本，通过提炼、变形总体形成"围廊成坊"的布局，围绕主展馆布置有古韵廊坊、临空腾飞、淀泊风光 3 个人文主题体验空间。

文化艺术馆为具有现代感、艺术性的新中式风格，其建筑总面积为 7 500 平方米，分为 A、B 馆。A 馆为文化艺术馆"七修书院"，B 馆为配套服务设施"七修精舍"。

展园主入口地面采用蜿蜒的水纹铺装，象征流淌了千年的潮白河，与北运河两侧景墙一起呈开放迎宾状态。景墙介绍吕端、孙毅将军等廊坊历史名人，意在体现其精神，展现廊坊悠久的人文历史。景墙周围分布有层次丰富、色彩多变的景观花境，花团锦簇、百花齐放，表达了对中国共产党百年华诞的美好祝愿。

展馆西侧是展园的入口，整石雕刻"廊坊林"几个大字，厚重大方，其后是苍劲的松林。形状各异、姿态独特的迎客松充满生机，营造出素雅的景观。

外庭为"临空腾飞"景观。景墙上悬挂有大兴机场造型的浮雕，花丛中陈列着姿态向上的白色雕塑，寓意展翅高飞。周边玻璃砖景观墙组成的云山图案与临空腾飞主题相呼应，寓意廊坊的城市发展将在大兴国际机场及临空经济区的规划建设下实现跨越式腾飞。

穿过月洞门进入内庭，别有洞天，眼前豁然开朗，一泓碧水映衬着建筑、古树，营造"山、水、景"交融的景象，禅意幽静。在连廊下，穿行其中，移步异景，别样生趣；静坐于此，洗涤喧嚣，享受安然与闲适。绿植中布置雾森系统，冉冉升起的雾气使人仿佛步入仙境。

配套服务设施采用落地窗，驻足窗前便可欣赏自然美景。水岸种植丰富的水生湿生植物如花叶芦竹、千屈菜等，还原水乡自然生态风光，是廊坊作为东淀区对白洋淀一脉相承的原生态文化的表达。

文化艺术馆内的设计以"幸福廊坊、健康七修"为主题，传承中国文化艺术精髓，依托廊坊地域文化艺术特色，展现廊坊人民的健康美好生活。展馆功能主要为七修文化展示、养生体验（"德、食、功、书、香、乐、花"七种不同的修习内容）、主题住宿、特色餐饮（以食礼、食趣、食养为特色），还包括展会期间问询、接待、寄存、安保等功能。设计通过运用现代科技手段，打造具有时代特征、文化内涵、趣味化、强互动的健康生活体验空间，展示廊坊风采，讲述中国故事。

2.6.2 建设过程及成效

1. 廊坊林建设过程

入场时间：2019 年 11 月 15 日。

开工时间：2020 年 3 月 5 日。

竣工时间：2020 年 4 月 28 日。

廊坊市自然资源和规划局实行一线工作法，成立前线指挥部，统筹调度，高标准、高效率完成廊坊园建设任务，打造廊坊速度，凸显廊坊特色。

在时间紧、任务重、难度大的情况下，廊坊市自然资源和规划局紧扣时间节点，倒排工期、挂图作战，形成强大合力，从 2019 年开始，廊坊园建设便开启加速度。2019 年 11 月 25 日，廊坊园内完成进场放线、树立牌匾工作；12 月 4 日，开始进行整地及适应性种植，完成整地面积约 6.67 公顷，选择优质白皮松，完成造林面积 1.33 公顷；2020 年 3 月 5 日，造林绿化工作全面展开，完成绿化面积约 60 公顷，整体项目建设走在全省前列。雄安郊野公园廊坊园超额完成城市林建设，完成种植榆叶梅、法桐、油松、白皮松、白蜡等 180 种植物、树木 3.66 万株，比规划设计种类高出 64%，植物种类更加丰富，搭配更为合理，景观更具特色，苗木成活率达到 98% 以上。同时，城市展园建设奋战 100 天，高标准完成了展馆 7 500 平方米的建设任务。在河北省绿化委员会、河北雄安郊野公园建设筹建领导小组组织考核评比中，雄安郊野公园廊坊园共获得 17 个奖项，并对 12 名先进个人进行通报表扬，其中，廊坊市人民政府获最佳组织大奖，廊坊市自然资源和规划局获最佳城市林大奖、工程管理质量大奖、先进集体特等奖，还获得最佳城市展园、工程管理质量 2 项大奖，城市林设计、最佳运营等 8 项特等奖，城市林建设、最佳城市展园设计等 3 项金奖。

按照省委、省政府、市委、市政府的安排部署，廊坊园突出"七个注重"抓好项目建设。

注重"早"

一是早谋划，抓好开局。廊坊市委、市政府领导成立筹建领导小组，多次召集有关部门研究部署，要求有关部门齐抓共管，高水平完成廊坊园建设任务。二是早行动，抢抓时机。为解决廊坊园建设时间紧、任务重的难题，建设人员提早行动，办理施工前的各项准备工作和相关手续。2019 年 9 月 16 日，工作人员与市发改部门联系，按程序开始廊坊园项目立项；9 月 18 日，组织市委宣传部、住建局、社科联、党校等部门的专家学者就廊坊园建设进行座谈；9 月 27 日，与市财政局联系，落实工程建设资金。三是早落实，突出实绩。春节期间，廊坊市在严格落实各项疫情防控措施的前提下，提前进场施工，2020 年 3 月中旬掀起了造林绿化高潮，4 月 10 日前完成了白皮松、油松等常绿树种与白蜡、法桐、国槐等高大乔木的栽植，5 月中旬完成了廊坊园的林木绿化任务。

注重"快"

在时间掌控上，廊坊园做到立项、招标、进场等环节紧密衔接，在开展上一环节工作时，就开始谋划下一环节工作。在项目立项及设计方案审批期间，廊坊市就已经选派技术人员进行选苗调苗；施工单位中标后，立即着手对施工人员进行技术培训；在最佳时间栽植树木，缩短造林绿化时间，为提高新植幼树的成活率夯实了基础。短短3个月时间，廊坊园林木绿化工作完成100%。

注重"高"

一是设计方案高标准。在廊坊园的规划设计过程中，廊坊市在严格按照省雄安郊野公园总规要求的基础上，充分借鉴吸纳省、市领导以及知名专家的意见建议，多次对廊坊园设计方案进行修改完善，力求做到顶层设计全面落地。二是施工建设高质量。建设人员对廊坊园内所有裸露地块进行苫布遮盖，对项目区进行围挡，施工过程中，雾炮车进行全程喷射，避免产生扬尘，影响环境；对园区内施工道路及时进行修复；组织专业队伍对火灾隐患、安全作业、高压管线、燃气管道等危险施工项目定期巡查，发现问题，及时整改，保证施工安全。

注重"严"

廊坊市对廊坊园建设始终坚持高标准、严要求，各单位相互合作、互相监督，每周召开一次现场调度会，就施工中发现的问题进行解决整改；对苗木质量略差的进行无条件移除，确保林木规格。

注重"和"

建设雄安郊野公园廊坊园是一项重大政治任务。廊坊市作为先期参加建设的城市，建设单位、施工单位、监理单位、造价咨询单位等一直齐心协力，团结协作，心往一处想，劲往一处使，精心组织，科学施工，抢抓时间节点，狠抓项目进度，高标准完成廊坊园项目建设，在全省考核评比中取得优异成绩。

注重"撑"

为建好廊坊园，提高廊坊园科技水平，在建园前，2019年10月，廊坊市聘请北京林业大学专家进行现场技术指导，对廊坊园内的土壤、地下水、立地环境进行了调查分析，制定了技术方案；林木栽植后，2020年6月，再次邀请业内多名专家到现场对廊坊园的施工、养管等方面进行论证，提出管护意见，为提高廊坊园的管护水平提供有力的技术支撑。

注重"好"

廊坊园处处绿意浓浓，新植树木上抽出新枝，长势喜人，取得了较好的效果。北京林业大学专家进行现场调研与论证，一致认为廊坊园造林质量高、绿化树种配置合理、栽植错落有致、造林技术科学，体现了复层、混交、异龄的指导思想，符合河北雄安郊野公园总规和《雄安技术造林手册》的要求。2020年4月10日，省相关领导到雄安郊野公园调研，实地察看了廊坊园建设情况，指出："廊坊园在全省走在前列，起到了示范带头作用。" 2021年6月12日、6月13日，省领导分别到廊坊园进行检查指导，对廊坊园建设给予了肯定。6月24日，省委、省政府主要领导在雄安新区召开全省雄安新区建设工作现场会，现场调研考察雄安郊野公园廊坊园的建设，对廊坊园的建设提出表扬。

2. 廊坊园建设过程

入场时间：2020年11月15日。

开工时间：2020年11月15日。

基础完工时间：2021年12月20日。

主体结构完工时间：2021年2月7日。

竣工验收时间：2021年6月30日。

廊坊园在设计和建设中始终坚持"世界眼光、国际标准、中国特色、高点定位"的原则。为高标准、高质量完成工程建设，廊坊园的建设者们激情干事业，挑战不可能，从2020年11月中旬进场，仅用6个月的时间就完成了建设任务，体现了廊坊特色，更打造了廊坊速度。在郊野公园14个城市展园中，无论是建筑品质、园内的景观建设还是林木的种植品种等，廊坊园均处于较高的水平。

通过集体决策、充分授权、项目封闭运行等多项措施，建设人员提高了项目的决策效率，简化了决策程序，确保了项目如期竣工交付，成功地把廊坊园打造成对外展示廊坊品质的重要平台和窗口。

2.6.3 主要建设经验和典型做法

廊坊市委、市政府始终坚持服从服务大局，将雄安郊野公园廊坊园建设作为重要政治任务，担当尽责、主动作为，凸显廊坊特色，打造廊坊速度，高标准、高品质推进雄安郊野公园廊坊园建设，力争以廊坊之进为全省发展大局作出新的更大贡献。

1. 领导重视，亲自谋划

廊坊市委、市政府领导高度重视廊坊园建设工作，成立了筹建领导小组，并提出："一要贯彻部署、全面落实省委领导指示精神；二要加快进度、提高质量；三要加强沟通，与省林草局、雄安新区做好对接。"

2. 提高站位，优化方案

廊坊园设计方案以省雄安郊野公园总规为纲领，坚持"世界眼光、国际标准、中国特色、高点定位"的设计原则，提炼融合廊坊的历史、经济、文化、区位等特色，按照市领导提出的"廊坊园一定要顶层设计，建成国际一流现代化的城市展园"要求，廊坊市组织两家专业设计公司进行规划设计。最终确定廊坊园建设以"京津乐道，绿色廊坊"为主题，主要功能以文化艺术为中心，借鉴七修配套服务设施，打造集文化艺术、民俗活动、康养、电子动漫于一体的特色展馆；做到工程精美考究、景色新颖别致、体验耳目一新，实现生态文化内涵与展园景观风貌有机结合。

3. 聘请专家，组建团队

为确保廊坊园建设高质量完成，廊坊市特聘请了国内知名专家为廊坊园绿化建设的技术顾问，为廊坊园提供全方位技术支撑和专业服务，并邀请多位专家和省林草局领导对廊坊园施工、养管及生物多样性建设方案等进行了论证，专家和领导们提出了切实可行的论证意见。

4. 加强协调，全面建设

廊坊市积极与省林草局、雄安新区沟通对接，掌握最新进展情况，深入建设现场勘查，办理建设相关手续。2020 年 11 月 11 日，建设人员到廊坊园现场放线、整理土地，确定廊坊园具体位置；11 月 14 日，进入廊坊园现场，与相关村干部沟通对接，在园区内做明显标示，搭建牌楼。11 月 25 日，廊坊园内已完成进场放线、树立牌匾的工作。12 月 4 日，开始进行整地及适应性种植，完成整地面积约 6.67 公顷，选择优质白皮松，完成造林面积约 1.33 公顷。3 月 5 日，工人进场后，造林绿化工作全面展开，3 个月内完成全部造林绿化任务。

5. 现场办公，强化督导

廊坊市成立现场指挥部，建设单位、施工单位和监理单位人员现场办公，加强与省林草局、雄安新区等各部门的沟通联系，及时跟踪廊坊园的整体规划设计和道路、水系、水电等专项工作的进展，协调工作流程，对园区内整地、植树造林、建筑物和核心展园建设及配套设施施工等情况进行现场督导，严格落实规划要求，对项目建设质量、进度及时反馈，形成上下联动、协调推进的工作机制，确保项目建设有序推进。

2.6.4 展园布展及运营

1. 布展主题

廊坊园的布展主题为"京津乐道，绿色廊坊"。

2. 运营情况

为了更高水平地展示雄安郊野公园廊坊园的建设，廊坊市自然资源和规划局组织相关人员学习借鉴上海花博会、贵州绿博会的先进经验，将雄安文化与廊坊文化有机结合，将动态展示和静态展示有机结合，努力做到在雄安郊野公园充分展现"创新廊坊、数字廊坊、健康廊坊、平安廊坊、品质廊坊"的建设成就。

在开园试运营期间，为进一步加大雄安郊野公园廊坊园的宣传力度，提升廊坊城市绿化建设的美誉度，增强廊坊的吸引力和竞争力，廊坊市自然资源和规划局于 2021 年 9 月 23 日至 9 月 29 日在雄安郊野公园廊坊园组织开展了以"京津乐道 绿色廊坊"为主题的专题活动周，据统计，活动周期间共有 5 万余人参加活动。为办好此次活动周，廊坊市自然资源和规划局成立工作专班，派出骨干人员常驻现场，全程盯办。此次专题活动周分静态展示和动态展演两种形式。现场活动包括民间花会踩街表演，廊坊文化活动周开幕式，"京津乐道 绿色廊坊"文艺演出（图 2-6-1），"百工百艺"传统手工艺展示，"百年百味"地方特产美食展销，"百家百福"绿色生态、人文廊坊摄影展等六大活动版块，充分展示了廊坊市的生态文明建设成就，体现了廊坊市"绿色发展、生态优先"的发展理念，塑造了廊坊市"全省绿色生态排头兵"的新典范。

图2-6-1 文艺演出

绿色城市 美丽家园——雄安郊野公园规划与建设（下册） | 070
GREEN CITY, BEAUTIFUL HOME--PLANNING AND CONSTRUCTION OF XIONG'AN COUNTRY PARK(VOLUME II)

2.7

保定篇

2.7.1 工程概况

1. 保定林工程概况

项目区位 保定林位于郊野公园北侧，临定州林和雄安林。

项目规模 66 公顷。

项目投资 约 8 300 万元。

设计理念 保定林的设计理念以"山水保定·绿润雄安"为主题，总体布局为"一个核心、四片区域、七大节点"。"一个核心"为太行驿站（游客服务中心），"四片区域"为太行果林、春花药林、常绿林、自然林，"七大节点"为"琴、棋、书、画、松、竹、源远流长"七处景观小品，实现了"三季有花、四季有绿、秋冬出彩、生态自然"的景观目标。

主要建设内容 保定林绿化面积约 61.1 公顷，栽植 32 313 株苗木，苗木种类达 102 种。地被栽植 20 万平方米。游客服务中心建筑面积 173 平方米，出自 26 字大地楹联中的"琴、棋、书、画、松、竹、源远流长"七大节点每个节点平均为 2 500 平方米。园区内铺设园路 5 265 米、给水管道 20 360 米，水系（旱溪）面积 1.84 公顷，电缆敷设 7 420 米。园区内制作安装路灯 276 盏、沿路座椅 54 个、垃圾箱 44 个、指示牌 37 块，同时加装照明自控系统，实现节能环保。保定林共摆放孤景石 58 块，与栽植的苗木相得益彰，形成独特景观。项目结合南北中轴线和规划公路，同时衔接南拒马河生态堤，打造灵动自然的生态景观。

2. 保定园工程概况

项目区位 项目位于雄安郊野公园东部园区的西南部，与邢台园隔河相望。

项目规模 1.5 公顷。

项目投资 约 7 500 万元。

设计理念 保定园以莲池书院为原型，融入古莲花池清代皇家园林建筑特色，串联起四大主要建筑单体，结合满池莲花打造新的莲池盛景。设计定位为"以莲池书院为原型打造国学馆，建设国学培训基地"，使展园成为一处全新的国学教育及展示基地。

主要建设内容 园内主要建筑物包括万卷楼、学古堂、得一堂、草堂客栈、地下餐厅、停车场（容量地上 8 辆，地下 18 辆）。园内主要景观构筑物包含牌楼 1 座、假山 2 座、亭子 3 座、石桥 2 座、景观回廊及微地形景观。园内还有亲水平台、公厕、护坡、室外家具、净水系统等。

2.7.2 建设过程及成效

1. 保定林建设过程

入场时间：2020 年 3 月。

开工时间：2020 年 3 月。

竣工验收时间：2021 年 4 月。

保定市委、市政府高度重视河北雄安郊野公园保定园的建设工作，由市政府主要领导挂帅的河北雄安绿博园保定林和保定园筹建领导小组授权市自然资源和规划局为建设主体，组建了筹建办公室，市发改、财政、审计、执法、住建、文旅等相关部门各司其职，齐抓共管形成合力，建立上下联动、协调推进、"一对一"服务的工作机制。

在项目建设前期和建设过程中，保定市委、市政府主要领导听取规划、古建、设计、艺术、园林等方面的专家意见建议，对保定林、保定园项目的规划设计进行逐步完善。主要领导和分管领导多次作出批示，多次进行指导调度，有力推动了项目建设。2020 年 2 月 27 日，工作小组完成项目可研报告并率先在雄安新区获批立项；2020 年 3 月 10 日，保定园建设指挥部搭建完成，正式进场施工。2020 年 4 月 17 日，保定园项目勘察设计施工总承包（EPC）顺利完成招标程序。

经河北省绿化委员会、河北雄安郊野公园筹建工作领导小组组织评审，全省共评选出特别贡献大奖 4 个、综合类大奖 39 个、特等奖 34 个、金奖 43 个；专项类大奖 26 个、特等奖 78 个、金奖 118 个。其中保定市获大奖数量位列全省第一，获得综合类奖项 9 个，专项类奖项 18 个，大奖 11 个、特等奖 10 个、金奖 6 个，共计获得 27 个奖项。12 名同志被评为"工作先进个人"。

绿色城市 美丽家园——雄安郊野公园规划与建设（下册） | 072
GREEN CITY, BEAUTIFUL HOME--PLANNING AND CONSTRUCTION OF XIONG'AN COUNTRY PARK(VOLUME II)

2. 保定园建设过程

入场时间：2020 年 11 月。

开工时间：2020 年 12 月 5 日。

基础完工时间：2021 年 1 月 15 日。

主体结构完工时间：2021 年 3 月 20 日。

竣工验收时间：2021 年 7 月 15 日。

河北雄安郊野公园保定园项目是河北省委、省政府坚决贯彻雄安新区"先植绿，后建城"的建设理念，决定举全省之力建设雄安郊野公园的情况下，明确给保定市的一项具有重大政治意义和社会意义的任务。整个工程工期紧、要求高、标准严，此外，园内古建结构设计复杂，建筑信息模型审核难度大、精细化程度高，种种难题摆在眼前，建设人员一一克服。为高质高效完成建设任务，自 2020 年 11 月以来，工作者们始终坚守一线、日夜奋战，克服了冬季施工、春节假期、疫情防控等带来的困难因素，在规定时间内完成了建设任务，确保了如期开园。

2.7.3 主要建设经验和典型做法

保定林三季有花、四季有绿、秋冬出彩、生态自然，如一枚"绿色明珠"镶嵌在雄安大地上。保定园亭榭楼阁、雕梁画栋、林泉幽邃、芙蕖香荷，再次呈现了古莲池书院昔日"城市蓬莱、书院之冠"的荣光。

保定市一方面做到严把质量。苗木质量：苗木规格、品种符合设计要求，供苗方均持有《林木种子生产经营许可证》《苗木检验合格证》《苗木标签》，严把质量关，所有调入的苗木必须持有《林业植物检疫证书》，杜绝带有病虫害的疫木进入园区，同时加强已栽植苗木病虫害防治工作。工程质量：从材料选用到施工建设，建设人员严格把控工程质量，一砖一瓦均符合国家相关标准；七处景观节点的建设精益求精，使游客在游玩的同时感受到保定的人杰地灵和厚重历史。"太行驿站"从细微入手打造舒适便捷的游客服务中心。另一方面，建设人员进行严格管理。监理管理：保定林、保定园项目监理单位先行入场，进行全过程监督，监理资料留存完整。档案管理：建档立卡，专人负责，及时对相关音频、视频、文书等各类资料按制度做到电子档案、纸质档案双保存，确保做好有踪可寻，有据可查。养护管理：保定林秉承"三分栽，七分养"的理念，持续强化抚育管理，适时做好浇水、修剪、杂草清理、病虫害防治、围堰整理、支撑修复、中耕松土、追肥等养护工作，持续做好森林防火、安全施工等工作。

2.7.4 展园布展及运营

1. 布展主题

保定园的布展主题为"追寻百年记忆,共绘红色历程"。

2. 运营情况

按照省委、省政府要求,以各市政府为主体,各城市展园依次举办"活动周",开展特色文艺演出、非遗文化展演、特色生态产品展示、经贸交流、生态旅游推介等多种形式的系列活动,集中展示各市国土绿化成果和生态文明建设成就。保定园的运营单位保定市国控集团有限责任公司(以下简称"国控集团")对此高度重视,第一时间按照上述活动安排及要求加快落实各项筹备工作,与各相关单位密切配合,编制完成运营策划方案并上报保定市委、市政府,按照市委、市政府的要求,深入研商沟通、优化完善活动安排及运营等各项工作方案,优质高效地完成了运营任务。

2021年4月,根据保定市政府安排部署,国控集团负责保定园开园试运营相关工作。接到任务后,国控集团会同各相关单位科学谋划、专业运营、统筹管理、协调各方,统一思想,高标准、高质量、高效能落实好运营工作。集团编制完成整体试运营方案,拟定四大展示板块:一是人民学习活动周暨"追寻百年记忆,共绘红色历程"革命历史图片展;二是莲池(直隶)书院文化及国学教育;三是主题展览、展会活动;四是专业特色餐宿,创造舒适体验。通过国学讲堂、人民学习以及保定历史文化展等系列主题活动,运营团队充分发掘、展示保定悠久可溯的人文历史以及丰厚的文化艺术底蕴,同时,充分展现保定未来品质生活之城的美好蓝图,全面呈现保定市内外兼修、魅力独特的城市形象。

人民学习活动周暨"追寻百年记忆,共绘红色历程"革命历史图片展
展览包括党史展、中国共产党红色精神展和晋察冀红色历史图片展。

保定具有深厚的晋察冀文化(狼牙山、雁翎队、地道战、地雷战、小兵张嘎等革命传奇脍炙人口),阜平是"晋察冀"的根据地,是《人民日报》的发源地。建党百年之际,本展览以图片等形式宣传展示党史、红色革命精神、习近平新时代中国特色社会主义思想等,来访者通过观览学习,坚定学党史、感党恩、听党话、跟党走的信心和决心;结合优秀党员和革命遗迹遗址、爱国主义教育基地等,展现优秀党员的感人事迹和建筑的红色历史故事,共同庆祝中国共产党成立100周年。

莲池（直隶）书院文化及国学教育

莲池（直隶）书院文化及国学教育内容包括国学大讲堂（针对成人）、少儿国学研学活动、打造自有 IP、莲池书院文化展、保定文化名人名作书画展、典藏红木家具展——暨红木收藏价值专家专题沙龙（图 2-7-1）。

莲池书院自古以来就是文人墨客的云集之地。作为官府创办的教育场所，莲池书院以得天独厚之优势在古时培养了大批优秀的文人学者，其不仅是教书育人之地，也是儒家思想传播的主要道场。莲池书院所遗留下来的教育精神在现如今都有着极其特殊的文化传播价值。倡导全民学国学，还应结合多种方式、多元形态让大家轻松幸福地学国学，沐浴在中国传统文化的光华里，感受国学之美、之博、之润。

主题展览、展会活动

主题展览、展会活动包括：打造品质生活之城、京畿重地历史名城展、非遗文化主题展览展示周（定瓷展、石雕展、易砚展）。

图2-7-1 莲池(直隶)书院文化及国学教育(组图)

2.8

沧州篇

2.8.1 工程概况

1. 沧州林工程概况

项目区位 沧州林位于雄安郊野公园东北部，东接廊坊林、秦皇岛林，南与衡水林、公共区域相连，西接辛集林，北临承德林。

项目规模 68.4 公顷。

项目投资 6 960 万元。

设计理念 沧州林以"运河印记，绿色沧州"为主题，以生态覆绿为基本原则，突出生态造林，兼顾文化表达，模拟沧州运河的标志性河湾形态，打造运河金叶林带，保留"最美大树"，体现绿色乡愁，营造既有生态涵养、经济功能，又能与观光、采摘、休闲产业相结合的生态之林。

沧州林通过一条金色运河串联起乡愁记忆、运河人家、沧海之州、旱溪花谷、运河印象、百枣园、运河花海、桃花岛等 8 处景观节点，形成"一河八景"的总体布局；通过保留现状大树留住乡愁记忆、介绍沧州独有的"三湾顶一闸"等运河水工技术、介绍小枣悠久的栽培历史等方式，彰显沧州地方特色，体现生态文明建设成就。

主要建设内容 沧州林总绿化面积约 60.7 公顷，栽植各类苗木30 958 株，种植地被约 23 公顷；铺设灌溉管道 2.7 万余米，二、三级园路 6 600 余米；铺装广场 4 000 余平方米，建设驿站 1 座，建筑面积 300 平方米。

2. 沧州园工程概况

项目区位 沧州园位于城市展园北部，北接定州园，南接张家口园。

项目规模 占地面积 8 467 平方米，总建筑面积 3 949 平方米（地上 2 503 平方米、地下 1 446 平方米）。

项目投资 5 745 万元。

设计理念 沧州园以崇文尚武为主题，打造武术馆（武宗堂），总体布局沿袭中国传统造园理念，以连廊连接武术馆、餐厅、客舍，形成"一主三辅"的布局形式。

景观营造延续主题并结合地域特色，以抽象化运河为依托，打造了大运壁、阅微亭等园林场景，融入武术招式墙、梅花桩、沙坑木人桩等特色元素，展现崇文尚武的沧州精神以及运河两岸的风土人情。

主要建设内容 沧州园涵盖武术剧场、武术杂技表演、武术教室、餐饮住宿、文化交流等功能。地上 1 层设有剧场，供比赛、表演和展览使用，地下 1 层为武术教室及设备用房，地下 2 层为停车位。

2.8.2 主要建设经验和典型做法

1. 坚定政治站位、强化责任担当

三任沧州市委、市政府主要领导先后到沧州林、沧州展园现场调研，实地督导建设情况。沧州市成立了由政府主要领导担任组长的河北雄安郊野公园"沧州园"建设工作领导小组，印发了河北雄安郊野公园"沧州园"建设实施方案，市政府主要领导、分管领导多次后召开专题会、座谈会、调度会；组建了联合工作专班和建设前方指挥部，驻场办公、一线指挥、现场调度；成立了前方建设临时党支部，发挥党员先锋模范作用，调动了参建人员的积极性。

2. 坚持标准质量、科学规划设计

沧州市按照"世界眼光、国际标准、中国特色、高点定位"的定位要求，将科学规划设计有机融入雄安郊野公园建设中来。沧州林的设计以运河印记为主题，在突出生态造林的同时，兼顾文化表达，通过栽植金叶榆形成了曲折多弯的"运河"形态，串联起"乡愁记忆"等 8 处景观节点，形成"一河八景"的总体布局。沧州园的设计采取新中式建筑风貌，秉承中国传统造园理念，展示沧州的人文风情（图 2-8-1、图 2-8-2）。

图2-8-1 沧州林景观

图2-8-2 沧州园

3. 坚持工匠精神、打造精品工程

建设人员坚持雄安标准、对标千年秀林，牢固树立质量第一意识，发扬工匠精神，严控质量、精益求精，确保工程建设质量。在沧州林建设上，严把整地、苗木、施工、监理、管护关；强化苗木检查，坚持采用原冠苗，对 200 余株有病虫害的山桃、山杏进行了退回。加强施工计划管理，随到苗、随栽植、随修剪、随支护、随浇水，建立长效管护机制，对除草、浇水、施肥、病虫害防治、防火、补植、支撑等环节进行了细化和量化，提高了栽植成活率。在沧州园建设上，建设人员严格遵守雄安新区材料、设备选型建议，选取国内一线产品或进口产品，在美观的同时兼顾了建筑的耐久性；严格遵守相关建设程序，规范各类验收流程，全程接受雄安新区建设工程质量安全检测服务中心的监督，确保施工质量。

4. 坚持三个统筹、文明绿色施工

在保证施工质量和进度的同时，建设人员全面统筹安全生产、文明施工、疫情防控；实行现场施工安全隐患分类分级管理和安全隐患排查治理制度。加强护林防火，及时清理地上可燃物；合理保护、避让地下管线，在高压线下栽植低矮树种；对关键环节，实施全过程、全方位安全控制，严格进行沧州展园深基坑及高大模板专家论证，现场严格审查特种作业设备年检情况及特种作业人员持证上岗情况，确保安全事故零发生。加强扬尘管理，动土作业时，洒水车、雾炮车全程跟班作业，大风天气时，增加洒水、喷雾频次；制定防疫预案，设立防疫专员，配备防疫物资，实行施工人员闭环管理，加强人员信息统计，及时组织参建人员注射疫苗，做到生产、防疫两不误。

2.8.3 展园布展及运营

1. 布展主题

沧州园的布展主题是"沧州历史文化，武术名人介绍"。

2. 展示内容

沧州园全面展示文武沧州，介绍献王刘德、毛亨、毛苌等历史人物的生平事迹及《诗经》、"实事求是"起源地等典故；摆放刀、枪、矛、戟等代表性兵器，介绍丁发祥、霍元甲、王正谊等武术名人的生平事迹及八极拳、六合拳、劈挂拳等拳种（图 2-8-3）。

图2-8-3 沧州园展板展示 (组图)

3. 活动内容及成效

沧州园组织南皮县红升文武学校演出团队，常驻展园，以集体、单练、器械等形式，表演螳螂拳、通背拳、查拳、华拳、九节鞭、流星锤、双钩、刀、棍等武术节目。运营期间累计表演40余场，接待游客20余万人次，成为雄安郊野公园主打节目，得到了游客的一致好评 (图2-8-4)。

图2-8-4 沧州园武术表演活动

4. 运营情况

运营团队制定了沧州林、沧州园运营方案，选聘专业配套服务设施管理团队，成立了餐饮服务、安保服务、讲解服务、设备管理、绿化管理等6个专业工作组，保障运营期间餐饮、住宿等服务；制定以火锅鸡、狮子头、笑口常开等特色热菜，沧州冬菜、盐山猪蹄、窝北香肠等特色凉菜，吴桥宫面、杜生包子、大饼虾酱、驴肉火烧、交河煎饼等特色小吃等为主的沧州地方菜菜谱，全面展示沧州地方饮食文化。

2.9

邢台篇

2.9.1 工程概况

1. 邢台林工程概况

项目区位 邢台林位于雄安郊野公园南部主入口西侧，与雄安林和邯郸林相邻。

项目规模 68 公顷。

项目投资 约 6 500 万元。

设计理念 邢台林的设计理念是"仰望星空，守望未来"。仰望星空是从历史角度，以郭守敬天文文化为出发点，构建一片以日月星河为文化亮点的风景林。守望未来是指以近自然造林为手段，为我们的未来（儿童）打造一片演变的森林。设计团队创新性地尝试参数化设计近自然造林，从生态林营建到未来融入城市生活，长远考虑城市林的动态变化与发展，为雄安打造一片以日月星河为文化亮点的近自然城市森林，同时依托郊野公园建设，展示邢台 3 500 年的历史文化底蕴（图 2-9-1、图 2-9-2）。

主要建设内容 邢台林规划面积 68 公顷，绿化面积约 66 公顷，主要为常绿林、春花林、秋叶林、花果林等，苗木栽植 38 115 株，绿化苗木涉及树种百余种，地被面积 55.7 公顷，二三级园路 5 692 米；配套设施包含游客中心、雨水花园、3 个卫生间。邢台林由一心、三带、一径、四苑构成，景观要素见图 2-9-3。

（1）一心。一心即整个城市林的核心"森空映"，位于邢台林的东北侧，核心区面积约为 3 500 平方米，建筑面积约为 700 平方米，一座覆土建筑是核心区主要配套设施、上位规划的一级服务区功能。

1 城市林核心区
2 观星甸
3 二级服务驿站
4 次入口
5 流芳谷
6 园艺营地
7 碧云万卷
8 萤花溪
9 斑斓坪
10 星云径
11 星座园
12 生态停车场
13 未来省市展园

图2-9-1 邢台林布局

图2-9-2 邢台林景观一

图2-9-3 邢台林景观要素(组图)

覆土建筑外侧是一片绿色的草地，与整个森林融为一体，内部是环形的玻璃幕墙，自成一个相对安静的空间，下沉庭院中还种植有高大的银红槭，形成一个仰望星空的场所。

（2）三带。三带为整个城市林北侧沿着最美水上公路的滨水游憩林带（利用湿生植物去配合整个西湖的色彩）、南侧的印象彩叶林带（利用彩色叶植物形成丰富多彩的视觉层次）和最南侧面向容易线的防护隔离林带（（具有一定厚度的多层密植植物带，可以防风降噪、抗污染）。

（3）一径。所谓的"一径"即星云径。星云径串联起了"玄武、朱雀、青龙、白虎"这四苑及二十八星宿，展现郭守敬的天文成就和中国古代的二十八星宿文化。

（4）四苑。四苑分别为朱雀（观星甸）、玄武（萤花溪）、青龙（流芳谷）、白虎（斑斓坪），位于城市林北部，从西到东依次排列，对应中国古代二十八星宿的四个方位，同时在四苑当中通过设置星宿构筑物并点植一些特殊形态的植物去重构古代星宿图。

2. 邢台园工程概况

项目区位 邢台园位于雄安郊野公园城市展园西南部，北临承德园和邯郸园，南侧与保定园、邯郸园隔河相望。

项目规模 1.96 公顷。

项目投资 约 7 500 万。

设计理念 邢台园结合邢台扁鹊中医药文化，以"治未病"为主题，总体布局沿袭中国传统造园理念，以组团院落式布局手法，形成"一楼多馆"的格局，打造中医药康养专业场馆。

主要建设内容 邢台展园内共有单体建筑 9 座，建筑面积约 5 120 平方米，包括主馆、产品销售馆、展示馆、美容馆、养生馆、素食餐厅及"乡愁保护点"复建工程；包含了中医文化展示、中医讲堂、名医坐诊、针灸推拿、养生保健、水疗汗蒸、美容、素食餐饮、游玩、配套服务设施住宿等功能（图2-9-4）。

图2-9-4 邢台园全景

2.9.2 建设时间及获奖情况

1. 邢台林建设时间

入场时间：2019 年 9 月 26 日。

开工时间：2020 年 4 月 7 日。

竣工验收时间：2021 年 4 月 24 日。

2. 邢台园建设时间

入场时间：2020 年 12 月 15 日。

开工时间：2020 年 12 月 19 日。

基础完工时间：2021 年 2 月 1 日。

主体结构完成时间：2021 年 3 月 15 日。

竣工验收时间：2021 年 6 月 17 日。

3. 获奖情况

邢台林和邢台园共获得综合类大奖 3 个、特别奖 3 个、金奖 3 个，专项类大奖 2 个、特别奖 9 个、金奖 16 个。

2.9.3 主要建设经验和典型做法

雄安郊野公园自启动建设以来，邢台市高度重视，克服施工过程中的困难，高质量完成了全部建设任务，率先进入运营阶段。现对雄安郊野公园邢台林和邢台园建设过程中好的经验做法总结如下。

1. 高度重视，强力推进

邢台市委、市政府高度重视雄安郊野公园的建设工作，专门成立筹建领导小组，组建了前方指挥部和雄安郊野公园邢台筹建办。市领导多次在市委常委会、市政府常务会、专题会上听取汇报，专题研究、协调推进，并先后多次赴现场调研督导，要求采取一切措施，不折不扣完成任务。

2. 突出特色，高标准设计

邢台林总体结构为"一心、三带、一径、四苑"，以"仰望星空，守望未来"为设计理念，以郭守敬文化为出发点，采取异龄复层混交的造林模式，构建一片以日月星河为亮点的风景林。邢台园设计主题定位为"结合中医文化，以'治未病'为目的，打造中医药养生馆"，沿袭了中国传统造园理念，以组团院落式布局手法形成"一楼多馆"的格局。展园功能为中医讲堂、中医药成果展示、中医传统理疗和禅修静心、素食餐饮、养生保健品展售、住宿等（图 2-9-5）。

图2-9-5 邢台园景观(组图)

3. 明确责任，全力保障施工

参建单位各司其职、高度配合，项目负责人亲自调度安排、亲临现场指导，确保机械、人员全额保障，坚持保进度、保质量、保安全，高标准施工。特别是在工程建设关键期，克服断电、缺水、大风、环保、用工荒、交叉作业、疫情防控等重重困难。

4. 加强督导，确保成效

邢台市筹建办、前方指挥部负责人，放弃了节假日，全程亲临督促指导，既确保了施工进度，又确保了安全顺利。有关领导带队，组成财务、审计、纪检小组分别赴雄安督导项目建设、施工资料和建设手续办理、资金使用等工作，全力保障雄安郊野公园建设成效。邢台园展现出一派"蓝绿交织，清新明亮"的生态美景（图2-9-6、图2-9-7）。

图2-9-6 邢台林景观二　　　　　　　　　　　　　　　　　　图2-9-7 夕阳下的邢台园

2.9.4 展园布展及运营

1. 布展主题

"扁鹊国医馆"弘扬扁鹊中医药文化，以"治未病"为设计宗旨，以中医特色诊疗、慢病调理为抓手，形成以中医针灸、推拿、养生保健、汗蒸药浴、药膳食疗、康养住宿相结合的中医药康养方式，打造中医药健康产业示范窗口（图2-9-8、图2-9-9）。

2. 活动内容及成效

1）在展园的主馆，展示馆组织开展以"治未病"为主题的大型义诊活动，展馆面积为1160平方米，聘请中医药大师进行义诊活动，现场分别设置看诊台4组、展柜6组以及各种

图2-9-8 扁鹊国医馆雕像及展览（组图）

珍贵药材，通过视频、文字、图片、模型等多种形式，进行"治未病"这一主题的宣传，使来访群众确确实实地感受"治未病"的理念。

2）邢台园开展"专题活动周"，在素食餐厅设置了特色农副产品展示区（图2-9-10），并开通了线上小程序，方便游客进一步了解相关信息。为做好本次展示，邢台市向各县（市、区）印发了通知，号召各县积极参与，通过自主申报、优中选优的方式，集中展示了邢台绿岭核桃、富岗苹果、南和小米等农副产品，极大地提高了邢台农副产品的知名度，同时也为大力推进乡村振兴做出了应有的贡献。

图2-9-9 扁鹊国医馆内的活动

图2-9-10 农副产品展示

2.10

邯郸篇

2.10.1 工程概况

1. 邯郸林工程概况

项目区位 邯郸林位于雄安郊野公园西南部，是西南入口的重要景观区。

项目规模 100 公顷。

项目投资 6 750 万元。

设计理念 邯郸林的设计充分结合原有林，将北方园林的广阔与南方园林的精巧相结合，以建设近自然森林系统为基础，勾勒出一环、十景的生态景观布局；结合邯郸赵文化中的"完璧归赵"典故，提炼出"和氏璧"圆形元素和太极文化元素，与邯郸丛台、三台等高台建筑文化结合，形成圆台形式，串联出"珠联璧合""阴阳平衡""自然和谐"的大地景观效果。

主要建设内容 邯郸林共设计高大乔木 87 种，落叶小乔木 38 种，灌木 28 种，花草 35 种，打造 10 个景观节点：层林尽染——以银杏、五角枫为主，呈现红黄交织、色彩斑斓的秋季美景；岁寒劲松——四面苍松奇石，呈八方迎客之势；槐南一梦——栽植各类槐树，呼应赵文化"南柯一梦"；白果秋露——银杏枝头挂白果，滴滴秋露叶上凝；菊香疏影——赏菊东篱下，悠然观花海；长林丰草——呈现草长莺飞、深林野趣的自然景象；玫香芳郁——引进各类名品月季、玫瑰，姹紫嫣红，暗香浮动；海棠锦暖——以海棠花为主，打造花开似锦的绚丽春景；竹苞松茂——以云杉为主，呈现四季苍翠长青的绿化景观；丝棉映雪——栽植丝棉木，形成红果与白雪相互辉映的冬季美景。

2. 邯郸园工程概况

项目区位 邯郸园位于雄安郊野公园西南部。

项目规模 项目总用地面积为 1.7 公顷，总建筑面积为 7 974 平方米，容积率 0.29，绿地率 41.80%。

项目投资 10 915 万元。

设计理念 邯郸园以体现邯郸战汉文化为主题，打造中式生态配套服务设施，沿袭传统造园理念，形成西宅东园的格局。

主要建设内容 项目包含一幢主楼、两幢配楼以及溢泉湖、聚贤堂、铸箭亭、成语长廊等园林景观建筑。

2.10.2 建设过程及成效

邯郸市委、市政府始终将邯郸园建设作为重要的政治任务来抓。项目启动以来，市委书记先后多次召开工作专题调度会，修改完善、优化提升规划设计方案；多次现场调研，提出"打造示范工程、质量工程、廉洁工程"的明确要求，以实际行动和扎实的建设成效展示出邯郸水平、邯郸特色和邯郸形象，向省委、省政府交上一份满意的答卷。在市委、市政府的坚强领导下，各部门积极配合，协调联动，市财政部门足额落实建设资金，市审计部门全程跟踪审计，市园林部门加强技术指导，邯郸园项目的建设呈现出高位推动的攻坚态势。

通过一年多的攻坚，邯郸园各项建设任务全部完成。邯郸林共栽植各类苗木 3.2 万余株，苗木成活率达到了 98.2%；整理塑造微地形 31 处，土壤改良及地被草花种植 38 公顷。邯郸林打造层林尽染、岁寒劲松、丝棉映雪等景观节点 10 处，摆放景观石 28 块，悬挂植物标牌 400 个，呈现出树茂林丰、花草绚丽、色彩多变、错落有致的景观效果，已成为周边群众一处重要的休闲场所。邯郸园配套服务设施主楼、将相阁、奉公馆、聚贤堂以及园林绿化、配套设施等各项建设任务全部完成，成为展示邯郸悠久历史文化的"展览馆"，呈现出端庄典雅的江南园林风格。

2.10.3 主要建设经验和典型做法

在设计上，邯郸市聘请中国美术学院规划设计团队，高标准编制邯郸园规划设计方案。邯郸林的设计充分结合原有林自然走向，将北方园林的广阔与南方园林的精巧相结合。邯郸园参考杭州国宾馆成熟案例，融入邯郸文化，融合战汉风格和现代气息，结合典雅的特色园林，打造中式生态园林配套服务设施。

在施工期间，邯郸园组织设计单位、监理单位、造价咨询单位长期驻守现场，严把施工质量关，使每个施工工序严格按设计图纸施工。建设团队每日召开协调调度会，总结当日工作进度，安排明日重点工作，及时协调解决工作推进中存在的困难和问题，保证各项任务顺利推进。春节期间全员在岗，增加设备和材料投入，上千工匠 24 小时昼夜连续施工，争分夺秒加快施工进度；同时克服冬季严寒、夏日酷暑、疫情防控等不利因素，全力奋战。邯郸园项目按照规定时间节点顺利完成。

在建设过程中，建设人员不断优化细节，精挑细选每株景观苗木，反复讨论、认真研究每处地被草花的位置、品种、规格，建筑、园路的每道施工工艺，每个成品效果；积极采用新工艺、BIM 技术、GRF 绿色装配式护坡、钢结构屋顶等技术，在建设过程中这些技术起到了事半功倍的作用。细节打磨和新工艺的使用全面提升了邯郸园的整体建设效果。在省绿委会和省雄安绿博园筹建工作领导小组开展的评比中，邯郸园得到省领导和专家的充分肯定，荣获大奖 5 项、特等奖 10 项、金奖 18 项。

2.10.4 展园布展及运营

邯郸展园自 2021 年 6 月 16 日起，聘请河北城裕生活服务公司专业运维团队进驻，成立餐饮、保洁、前台、后期、安保等部门，并配备专业讲解员，保障整个展园的正常运转和顺利交接。

2.11

衡水篇

2.11.1 工程概况

1. 衡水林工程概况

项目区位 衡水林位于雄安郊野公园东南部，南临容易线。

项目规模 约 66.7 公顷。

项目投资 约 0.7 亿元。

设计理念 衡水林以"生态自然，秀水绿园"为总体定位，按照"一心一核一带三片区"（"一核"为核心景观区，"一带"为滨水景观带，"三片区"为北部生态片区、西部生态片区、南部生态片区）的景观功能结构，打造集文化体验、生态科普、健身漫步、休闲游憩为一体的人文绿色景观（图 2-11-1）。衡水林分区域种植春花林、秋叶林、花果林、常绿林、竹林，实现了三季有花、四季有绿、秋冬出彩的景观效果。衡水林建立了生态绿林体系、海绵城市体系和漫步休闲体系，引入了多种林木花卉，以自然景观和人造景观相结合的方式，从不同的视角向游人展示森林美景；同时构建稳定健康的森林生态系统和生态廊道，增加生物多样性，为动物和鸟类定居、繁衍提供自然栖息地。

主要建设内容 衡水林规划种植银杏、海棠、白蜡、国槐、油松等 47 个树种，共 30 189 株、约 60 公顷，种植胸径 8 厘米以上、地径 6 厘米以上花灌木等姿态优美的全冠苗木；种植荷花、八宝景天、野花组合等地被植物 40.9 公顷；种植早园竹 6 752 平方米；塑造微地形 30 726 立方米；铺设透水混凝土二级园路 10 039 平方米、天然沙砾三级园路 794 平方米；建设铺装广场 1 810 平方米、滨水平台

960 平方米、天然沙砾林荫停车场 42 667 平方米（规划停车位 782 个）；建设木结构驿站 287 平方米；安装移动厕所 1 座、25 平方米；安装标识标志牌 9 个、组合垃圾桶 27 个、坐凳 23 套、灯具 172 套；布设景观石 13 块；铺设灌溉管道 21 960 米、电缆 10 660 米。

图2-11-1 衡水林效果图

2. 衡水园工程概况

项目区位 衡水园位于雄安郊野公园廊坊林内，东与张家口园、廊坊园相邻。

项目规模 约 1.7 公顷。

项目投资 约 0.9 亿元。

设计理念 衡水园（图 2-11-2）以"衡湖流彩，琴瑟和鸣"为主题，构建"一湖、三带、五点区"的结构格局。主体建筑以音乐展示为主要功能，以会展服务和文化展示为辅助，配以舒适的房间和日式餐厅、咖啡店及配套的综合水上音乐厅。建筑立于微缩衡水湖水景之上，与中国"洞天福地"格局吻合，象征衡水生态宜居的城市格局。衡水园主体建筑为"吉他"外形的多功能音乐厅，设计理念取材于吉他。景观设计围绕中心的微缩衡水湖水景（中方脉）和乐器文化（西方脉）展开，最终西方脉随中方脉汇入雄安龙形水系，体现衡水湖的大气磅礴，展示海纳百川的雄安精神。湖上灵动的水上音乐主题展馆、园中秀美的国际主题社区场景充分展现了衡湖流彩、琴瑟和鸣的展园景观特色。水中栈道选用玻璃材质，其中布有特色音符灯，充分展现"乐"的景观特色。展园四周为环湖特色景观带，展示融入乐、吹、鼓、弦、唱五大国际音乐特色的景观节点，并充分考虑西方民俗风情，大草坪上布置阶梯条石坐凳，形成室外看台区。

图2-11-2 衡水园效果图

主要建设内容 衡水园分为建筑工程、绿化工程、铺装工程、景观工程和配套工程。
建筑工程：总建筑面积5 793平方米，其中地上建筑面积3 491平方米，地下建筑面积
2 302平方米。绿化工程：修建微地形7 349平方米，实施绿地整理10 133平方米，种植乔木
399株、灌木217株、地被植物2 081平方米、草皮4 325平方米等。铺装工程：修建道路铺
装2 001平方米。景观工程：修建景观湖4 400平方米，建设连桥1座，设置景石3块、坐凳
58套。配套工程：完成室外综合管线铺设。

2.11.2 建设过程、成效及获奖情况

按照河北省委、省政府高质量建设雄安郊野公园的决策部署，衡水市委、市政府高度重视，
举全市之力积极推进雄安郊野公园衡水园建设，圆满完成各项规划、建设、布展任务。

1. 衡水林建设过程及成效

入场时间：2020年3月10日。

开工时间：2020年4月10日。

竣工验收时间：2021年9月16日。

衡水林（图2-11-3）建成6处主要景观节点。一是桃园春色，寓意《桃花源记》，塑造满
园春色、桃花朵朵，游客可寻觅自己心中的桃花源。二是海棠花溪，以象征富贵美好的海棠花

为主景，游客可畅游于花雨之中，漫步在花溪之畔；三是最美银杏林，银杏代表中华民族源远流长的文化和真善美，游客可感受生命的坚强与沉稳；四是浪漫梨花园，寓意"忽如一夜春风来，千树万树梨花开"，朵朵雪白的花随风落下，尽是浪漫的诗画；五是缤纷多彩园，颜色多彩、季相丰富的美景给人带来视觉与嗅觉的美好盛宴；六是自然感知园，多样的植物群落展示出蓬勃的生命力和自然的力量。

图2-11-3 衡水林景观(组图)

2. 衡水园建设过程及成效

入场时间：2020 年 11 月 25 日（施工前期准备工作）。

开工时间：2021 年 1 月 23 日。

基础完工时间：2021 年 2 月 19 日（正负零）。

主体结构完工时间：2021 年 3 月 28 日。

竣工验收时间：2021 年 7 月 13 日。

衡水园（图 2-11-4）建成总建筑面积 5 793 平方米的"吉他"外形的多功能音乐厅和"L"形配套区。其中，多功能音乐厅位于展园景观湖（面积 4 400 平方米，水深 0.4 米）上，地上共两层，建筑面积 1 582 平方米，高 13.5 米。1 层主要包括音乐厅、咖啡厅和日式餐厅，音乐厅能容纳 120 ~ 150 人。2 层为高档日式餐厅，可容纳 120 人同时用餐。地下 1 层为停车场，设有车位 30 个。衡水园绿化面积约 7 334 平方米，栽植油松、白蜡、红枫等苗木 629 株，八宝景天、葱兰等地被植物 7 310 平方米。

3. 获奖情况

衡水林和衡水园获得各类奖项 21 个，其中，综合类大奖 2 个、特等奖 3 个、金奖 6 个，专项类特等奖 2 个、金奖 8 个。

图2-11-4 衡水园(组图)

2.11.3 主要建设经验和典型做法

自2019年以来，在衡水市委、市政府的坚强领导下，衡水市精心组织、细致安排、强化督导，在全体参建人员的不懈努力下，克服了征地拆迁、冬季施工、疫情防控、施工交叉等困难，圆满完成了雄安郊野公园衡水园各项建设任务。

1. 强化组织，超前谋划

衡水市高度重视衡水园建设，市主要领导多次专题听取衡水园规划建设情况汇报，先后5次作出重要批示，深入实地调度衡水园的建设；要求坚持一流标准，严把质量关口，注重施工细节，着力打造衡水品牌工程。市政府成立了以主要领导任组长的领导小组，明确建设任务、实施步骤、投资概算和保障措施。

2. 高度重视，加强调度

衡水市政府主要领导多次主持召开市政府常务会、专题会，研究展园规划，听取进展情况汇报；要求建设人员发扬匠心精神，打造精品工程，成立了以分管副市长为指挥长，分管副秘书长、市自然资源和规划局局长、市建设投资集团有限公司董事长为副指挥长，市直有关部门分管负责同志为成员的雄安郊野公园衡水园建设指挥部，下设协调综合组、造林绿化组、展园建设组等 6 个办公室，全力以赴推进雄安郊野公园衡水园的建设。

3. 部门联动，形成合力

在衡水市委、市政府坚强领导下，市自然资源和规划局与市直有关单位相互配合，全力推进雄安郊野公园衡水园建设。市自然资源和规划局将雄安郊野公园衡水园建设作为全局中心工作、一项重要政治任务，抽调人员集中办公，统筹开展衡水园各项筹建工作。市建设投资集团有限公司成立工作专班，全力保障衡水园规划、建设和运营工作。市财政局多方筹集资金，全力保障衡水园的规划建设。市委宣传部、文化广电新闻出版局组织武强县、饶阳县政府积极开展绿博会展演工作。市审计局每月对衡水园项目进行跟踪审计，为依法合规建设保驾护航。其他市直相关单位按照责任分工，积极配合、通力协作，圆满完成各项工作任务。

4. 加强管理，严把质量

衡水市自然资源和规划局、市建设投资集团有限公司分别聘请项目管理、造价咨询等方面的专业团队，严格把控项目实施、造价管理等各个环节。衡水市先后印发了多个文件，要求各参建单位进一步提高思想认识，严把时间节点，提升景观效果，强化质量标准，始终绷紧疫情防控这根弦，严格按照新区有关要求做好日常防控工作，确保全员接种疫苗，做到施工建设和疫情防控两到位。

2.11.4 展园布展及运营

1. 布展主题

衡水园的布展主题为"衡水市生态文明和特色文化展示"。

2. 展示内容

衡水园布展情况见图 2-11-5。

图2-11-5 衡水园布展情况(组图)

3. 运营情况

衡水泰华博悦配套服务设施有限公司负责衡水园开园试运营工作，市自然资源和规划局、市建设投资集团有限公司、市文化广电和旅游局、武强县政府、饶阳县政府等相关单位通力协作，圆满完成衡水园开园试运营。

一是聘请专业团队负责衡水园音乐厅、咖啡厅、日式餐厅等的整体运营管理，全面做好衡水园游客服务、展演保障、疫情防控等工作，确保运营管理安全、平稳、有序。

二是组织武强县、饶阳县相关单位举办西洋乐、中国民乐演奏会（图 2-11-6），演绎中外经典名曲，奏响衡水声音，2 天时间内共演出了 10 余场次。其中，西洋乐演奏会参演人员 5 人，演出曲目 18 个；中国民乐演奏会参演人员 15 人，演出曲目 5 个。

绿色城市 美丽家园——雄安郊野公园规划与建设（下册）｜ 098
GREEN CITY, BEAUTIFUL HOME – PLANNING AND CONSTRUCTION OF XIONG'AN COUNTRY PARK(VOLUME II)

　　三是在一楼展区展出造型树盆景、灵芝盆景和宫廷金鱼等展品，多角度展示衡水市生态文明建设成就。在音乐厅等区域，展出年画、内画、刻铜、西洋乐器、民族乐器、毛笔、黑陶、骨雕、老白干酒、六个核桃系列饮品、龙凤贡面、金丝杂面等 12 大类、110 余种特色产品，全方位展示衡水的城市魅力。

图2-11-6 衡水园演奏会 (组图)

2.12

定州篇

2.12.1 工程概况

1. 定州林工程概况

项目区位 定州林位于雄安郊野公园西北角、中华文明轴西侧，北依南拒马河大堤，西靠公园边界，东临保定林于西堼村服务区，南接龙形水系支流。

项目规模 约 40 公顷。

项目投资 约 0.4 亿元。

设计理念 定州林以"中山古都，绿色幻彩"为设计理念，将定州的空间形态融入场地布局，并且提炼"中山八景"中的四景意境融入场地，梦回中山。定州林借用崔护"人面桃花"的典故，以桃树为主要彩色树种，结合总体种植要求，打造"十里桃花"的别样盛景；按照"春花林、常绿林、彩叶林"的综合布局，采用"片状、复层、混交"的种植模式，种植 60 多个品种 120 多种规格的苗木；以古城林业博览展现生态创新的城市林，突出定州雄厚的苗木产业。

主要建设内容 定州林绿化面积 37.8 公顷，主要为常绿林、春花林、秋叶林、花果林等，苗木栽植 18 841 株。绿化苗木主要为丝棉木、法桐、白蜡、紫叶稠李等。地被面积 6.3 公顷，地被植物主要为百日草、鼠尾草、月季。二三级园路长 2 908 米；配套设施包含驿站、六角亭。

2. 定州园工程概况

项目区位 定州园位于廊坊林内，是整个河北展园北侧入口处的第一个展园。

项目规模 1.1 公顷。

项目投资 约 0.35 亿元。

设计理念 定州园以"中山瓷围"为题，以中山文化为起源，借定州贡院之人文古事，传承定州文化，展示定州辉煌的定瓷历史。展园中的主展馆融入贡院的传统美学，以对称、叠层设计为主，以定瓷为主要展示内容。景观节点结合定州塔及定州文庙，配套建设特色民宿，以此体现定州文化。景观塔与定州塔立面一致，塔高 26 米，构成整个园区的实体景观。绿植迷宫、竹简书廊、中山诗画墙等景观节点兼具文教与游玩的双重作用。

主要建设内容 定州园建筑面积 3 108 平方米，共 3 座主要建筑，瓷艺馆（地上 1 层、地下 1 层）用于定瓷文化宣传、瓷器展览、展销与现场手工制作等；民宿地上 2 层；园内设地上车位 16 个。

2.12.2 建设时间及获奖情况

1. 定州林建设

入场时间：2019 年 12 月 27 日。

开工时间：2019 年 12 月 27 日（图 2-12-1）。

竣工验收时间：2021 年 4 月 28 日。

2. 定州园建设时间

入场时间：2020 年 11 月 15 日（施工前期准备工作）。

开工时间：2020 年 12 月 5 日。

基础完工时间：2021 年 1 月 30 日（正负零）。

图2-12-1 定州园开工（组图）

主体结构完工时间：2021 年 3 月 31 日。

竣工验收时间：2021 年 7 月 1 日（图 2-12-2）。

图2-12-2 定州园竣工后

3. 获奖情况

定州林和定州园共获得综合类大奖 2 个、特别奖 3 个、金奖 4 个，专项类特别奖 4 个、金奖 12 个。

2.12.3 主要建设经验和典型做法

建设雄安郊野公园是河北省委、省政府落实中央战略决策的重要举措。

1. 强化组织领导

一是高位推动。定州市委、市政府认真贯彻落实全省支持雄安新区建设的工作会议决策部署，成立了由市委书记、市长任双组长的雄安郊野公园筹建工作领导小组，办公室设在市自然资源和规划局，具体负责雄安郊野公园定州园的筹建工作。二是精心谋划。领导小组多次对定州园的规划设计方案进行认真研究，推动工程进度，为雄安郊野公园定州园的建设提供了坚强保障，为项目的顺利实施打下坚实基础。三是现场办公。2020 年 3 月 23 日，市领导带领相关部门负责人到定州园视察建设情况，并现场参加义务植树活动，现场办公解决定州园工程遇到的难点和堵点。

2. 完善资金保障

一是保障专项经费。定州园的建设资金被列入市财政专项预算，按照合同约定，严格按照项目进度拨付工程款。二是及时调增资金。对于定州园增加的双回路配电室、污水处理设施、通信网络、运营管理、定瓷文化展示等内容，定州市第一时间将追加投资列入专项预算，并按照合同约定及时将资金拨付到位，确保了工程建设进度。

3. 强力推进工程

一是高效办结项目建设手续。2019 年 12 月，定州市在全省率先完成项目设计和施工 EPC 招标工作，定州市绿谷农业开发有限公司负责定州林施工建设。二是高标准实施定州林建设。定州林栽植乔木 37 种、8 657 棵，地被植物 63 005 平方米，整理地形土方 221 995 立方米，开挖水系面积 10 404 平方米，建设二级园路总长 2 908 米、面积 9 637 平方米。三是高水平规划定州园。定州园内瓷艺馆、景观塔和民宿 3 座主体建筑已全部完工，5 500 平方米园内绿化（樱花大道、定州双槐、儿童迷宫等）部分全部完成，97 盏室外灯（庭院灯、草皮灯、射灯）全部安装到位。

2.12.4 展园布展及运营

1. 布展主题

定州园布展主题为"定州特色民宿，舒适、静逸、特色的园林景观"。

2. 运营情况

按照河北省关于做好雄安新区郊野公园试运营和"专题活动周"的安排部署，定州市组建运营策划团队，精心谋划，本着打造特色景点与优质服务相呼应的原则，选派具有丰富运营经验的河北省首家国有一级物业管理服务公司——河北旅投世纪物业发展有限公司负责郊野公园定州园的试运营工作，同时打造定州文化古城特色民宿和定瓷产品展览及 DIY 体验，向广大游客宣传定州市古都文化形象，以优美环境、优质服务、特色建筑、定州瓷体验等展现定州文化和悠久的历史。

2021 年 4 月，根据雄安郊野公园整体开园运营工作安排部署，定州市开发区建设投资集团有限公司与河北旅投世纪物业发展有限公司通过对现场踏勘、环境布局、特色打造、游客体验等维度进行多次研讨，最终确定定州园主体特色展示与活动实施方案，以具有定州特色的主题民宿与餐饮、定瓷文化展示与 DIY 体验、定州塔与园林式景观、民间乐舞为代表性的系列活动拉开定州园的开园运营帷幕。

河北旅投世纪物业发展有限公司以国有企业的政治责任担当、一级物业服务品质为基准、以河北省首家五星级配套服务设施河北世纪大饭店的服务标准为准则，组建专业服务团队，提供房务预定和整理、定州驴肉焖子等特色饮食制作、园林环境维护、环境氛围营造、疫情防控、安全维护等服务。

根据开园运营前期预测，结合突出定州文化的民宿布局需要，定州园民宿在房间的配置方面充分考虑家庭游玩、参观住宿、吃住玩一体化等因素，在房间大床房和标间的数量上进行比例调整，以满足不同客人的需求，并在房间内悬挂定州名胜壁画；其次，考虑到新建民宿的环境问题，一方面进行 PM2.5 检测，一方面在楼内配置绿植，使入住的客人对环境放心；再次，使用前对房间进行全面清洁消杀，以达到星级配套服务设施环境卫生标准；最后，考虑入住客人对运动的需求，让他们除了能在郊野公园优美的自然园林里进行有氧运动外，民宿内还配置了健身器材、乒乓球室等活动设施，以满足客人多方位活动的需要。

瓷艺馆共展示定瓷 100 件（套），其中古董真品 11 件（套）。展品中的定窑白釉龙首净瓶、宋定窑白釉瓜棱罐、定窑白釉划龙纹大盘等展品是定瓷发展巅峰时期的作品，完美体现了定瓷白如玉、声如磬、薄如纸的特点。

定州非遗文化的代表——子位吹歌作为定州主题活动周的精选节目被引入定州园。子位吹歌大师张占民带领团队表演了《放驴》《打枣》《小二番》《万年欢》《脱布衫》《大登殿》《智斗》《红绣鞋》等曲目。

通过以人为本、服务至上的标准化配套设施服务、特色美食和定州瓷文化的展示，定州园用高质量和具有地方特色的服务圆满完成开园运营工作，为郊野公园及定州园树立了良好的城市品牌形象，受到各级领导和广大游客的高度赞扬。

绿色城市 美丽家园——雄安郊野公园规划与建设（下册） | 104
GREEN CITY, BEAUTIFUL HOME--PLANNING AND CONSTRUCTION OF XIONG'AN COUNTRY PARK(VOLUME II)

2.13

辛集篇

2.13.1 工程概况

1. 辛集林工程概况

项目区位 辛集林位于雄安郊野公园中部，中华文明轴东侧，北靠承德林，西临石家庄林，东接沧州林，南与龙形水系相连。

项目规模 用地面积 45 公顷，其中道路、水系占地约 5.3 公顷，绿化用地 39.7 公顷。

项目投资 4 000 万元。

设计理念 辛集林的设计理念以生态覆绿为基本原则，营造"两轴两心四节点"的景观结构。"两轴"为最美乡道轴、龙形水系轴，"两心"为两个驿站中心，"四节点"为入口广场、文化林廊、滨水平台、田园风光，打造疏林远阔、林水相映、梨雨润川、田园牧歌的特色景观。

主要建设内容 新集林栽植乔木、亚乔木、竹林、花灌木等 100 余种，共计 16 775 株，地被 12.8 万平方米，草药 15.2 万平方米，牡丹 7 400 平方米，月季 3 600 平方米；修建二级路 1.1 万平方米，三级路 1 700 千平方米；铺设灌溉管网 2.8 万米，电气线路 3 千米；修建配套设施，包括 5 个广场，1 座凉亭，2 个驿站，1 个亲水平台，21 块景观石，路灯、垃圾桶、坐凳、标示牌等城市家具 100 套。

按照雄安郊野公园总体规划要求，辛集林规划种植常绿林区、秋叶林区与果林区。林秀：在辛集林范围内，秋叶林区域种植了银杏、红枫、白蜡，常绿林种植了白皮松、云杉、黄杨球，常绿林区与秋叶林区占地约 12.67 公顷；通过合理配植慢生与速生树种、针叶与阔叶树种、乔木与亚乔灌木，多树种搭配最终形成以"异龄、复层、混交"为特点的健康稳定的森林生态系统，在景观效果上呈现出"三季有花，四季常绿，全年有景"的优美林区效果。果香：果林区种植有梨树、柿子、山楂、文冠果、桃树，各类果树约 20 公顷，金秋十月，硕果飘香，游客可在辛集林中深切地感受到各种果实挂满枝头的丰盈景象。驿站景观石篆刻"晨阳新韵"，因辛集林占用北陈杨庄、东陈杨庄土地 40 公顷，两村整体搬迁，为建设雄安郊野公园作出了巨大贡献，特取"晨阳"谐音以作纪念，保留了原村庄中大树、古树，以留住乡愁。该词充分体现了时代变迁的烙印，也是对原村址的一种纪念。新韵：原村庄变成现在的郊野公园，改善了生态环境；村民变市民，他们的生产生活方式发生了新的变化，呈现出了欣欣向荣的新气象。

2. 辛集园工程概况

项目区位 辛集园位于雄安郊野公园东北部，南接秦皇岛园，与衡水园、廊坊园、雄安园隔湖相望。

项目规模 总用地约 8 800 平方米，建筑面积 3 034 平方米。

项目投资 约 3 000 万元。

设计理念 辛集园以儿童嘉年华为主题，功能布局为"一心一轴五区"。"一心"为中心娱乐区，"一轴"为中央景观轴，"五区"包括童话城堡区、海洋五感童趣乐园、小丑鱼趣味戏水乐园、小丑鱼趣味运动乐园和特色配套服务建筑等多个特色场馆。多维度的感官体验给儿童以美好的童话般的乐趣。辛集园植物配置依据生态原则，营造两季有果、三季有花、四季有绿、全年有景的自然生态景观。

主要建设内容 辛集园由两栋建筑组成。一栋是童话城堡，童话城堡外立面设计为欧式建筑风格，这是仿照迪士尼睡美人城堡建设的，坡屋顶高低错落、层次丰富，色彩非常鲜艳，建筑面积 825 平方米，采用框架结构，地上 2 层，其中，一层为展示及休闲空间，2 层为儿童趣味活动空间。装修采用绿色节能环保材料。二是配套服务设施，建筑整体风格也为中世纪欧洲古城堡风格，造型古典大气，6 座尖塔对称布置，建筑面积 2 017 平方米，采用框架结构，地上 2 层，地下 1 层。

建筑周边种植鸭梨、拟单性木兰、山茱萸、海棠、山楂、蜡梅、流苏等 30 余种乔灌木；种植矮牵牛、孔雀草、芦苇、睡莲等花草地被 20 余种，从季相上形成春季赏樱花、海棠、玉兰等景观，夏季赏栾树、紫菀、萱草等景观，秋季赏芦苇、美人蕉、花叶水葱等景观，冬季赏蜡梅、海棠、白皮松等植物景观。

2.13.2 建设过程及成效

1. 辛集林建设过程及成效

入场时间：2020 年 2 月 10 日（图 2-13-1）。

开工时间：2020 年 3 月 1 日（图 2-13-2、图 2-13-3）。

竣工验收时间：2021 年 4 月 20 日（图 2-13-4）。

图2-13-1 辛集林建设入场(组图)

图2-13-2 辛集林建设开工(组图)

图2-13-3 辛集林建设中(组图)

图2-13-4 辛集林竣工后（组图）

2. 辛集园建设过程及成效

入场时间：2020 年 10 月 7 日。

开工时间：2020 年 11 月 1 日（图 2-13-5）。

基础完工时间：2020 年 12 月 13 日（图 2-13-6）。

主体结构完工时间：2021 年 3 月 28 日（图 2-13-7、图 2-13-8）。

竣工验收时间：2021 年 7 月 17 日（图 2-13-9）。

图2-13-5 辛集园开工（组图）

图2-13-6 辛集园基础施工（组图）

图2-13-7 辛集园主体结构施工一（组图）

图2-13-8 辛集园主体结构施工二（组图）

图2-13-9 辛集园竣工后（组图）

2.13.3 主要建设经验和典型做法

1）辛集林占用北陈杨庄、东陈杨庄土地，两村整体搬迁，项目在原有村庄拆迁后开始大规模施工，依据原有地形特点，依势造形，保留村庄原有树木，进行绿化，尽量减少对原有生态的破坏（图 2-13-10）。原村中有多处多年生枣树林，结果季节硕果累累，为避免其野态生长，建设人员对枣树林进行清理、修剪，使其更美观。

图2-13-10 辛集林景观(组图)

驿站旁有多年生柳树,建设人员依据柳树位置及树干长势对驿站位置进行调整,使建筑物与树木协调共存,不仅为当地人留下了乡愁,也为外地游客带来了美景。

2)草药种植区占用部分耕地,建设人员在原有地块基础上栽种既有药用价值,又具绿化美观效果的射干、知母、蒲公英、紫花地丁、黄芩,达到物尽其用(图 2-13-11)。

图2-13-11 辛集林草药种植(组图)

3）林区种植多种果树，丰富了整个林区的多样性，开花季节赏花，结果季节采果（图2-13-12）。

图2-13-12 辛集林果树种植（组图）

4）驿站广场、景观石、园区二级路与周边绿化交相辉映（图 2-13-13）。

图2-13-13 景观小品（组图）

5）施工过程中管理人员严格把关，施工人员保质保量施工。疫情防控期间，管理团队组织施工人员进行疫情防控教育，户外施工合理安排工作时间，避免中暑，定期发放避暑药物，使施工人员感受到项目的人性化管理（图2-13-14、图2-13-15）。

图2-13-14 施工管理（组图）

图2-13-15 道路施工(组图)

6）采用先进的技术理念，对展园内欧式主体建筑的结构、砌筑进行施工指导。项目领导班子坚持以现场为办公场，提前预见，提前讨论，提前解决，为保证工期、保证质量、保证安全奠定基础。

7）采用新材料、新技术，使城堡的塔尖、结构外部装饰及坡度屋面更加美观，使用鲜艳的涂料更加吸引孩子的注意力，从建筑的每一个细节都贴合儿童嘉年华的设计理念（图 2-13-16）。

图2-13-16 展园特色(组图)

2.13.4 展园布展及运营

1. 布展主题

辛集园的布展主题为"建生态雄安，展人文辛集"。

2. 展示内容

辛集教育

辛集教育板块遴选了辛集市各个中小学创意手工坊的优秀作品 200 余件，涵盖剪纸、刺绣、叶雕、蛋雕、烫画、盘扣、掐丝珐琅、黏土、湿拓画、水墨、彩绘等多个种类。脑洞大开的创意作品、精致的手工作品，无不体现出作品背后的小作者们做事的优秀态度（图 2-13-17）。

图2-13-17 教育主题展示（组图）

辛集科技

辛集科技板块展示了辛集市金士顿公司的鼓风机、凌爵公司的环保皮以及华莱鼎盛的环保钻井液（图 2-13-18）。

辛集农业

辛集农业主题展示了辛集市马兰农场的节水小麦"马兰一号"和"黄冠梨"（图 2-13-19）。

图2-13-18 科技主题展示

图2-13-19 农业主题展示

2021 年，河北省辛集市马兰农场培育的节水小麦新品种"马兰一号"平均亩产 811 千克，实现河北省小麦亩产的历史性突破。

辛集市是国家级梨果标准化示范区、国家级鲜梨出口质量安全示范区、全省十大果品特色县、中国特色农产品优势区。黄冠梨被评选为 2019 年度中国果业最受欢迎的梨区域共用品牌 10 强和 2019 年度最有价值的 20 大水果区域公用品牌，在 2021 年 5 月，"辛集黄冠梨"被认定为河北省区域公用品牌。

辛集文创

辛集皮革业历史悠久，素有"辛集皮毛甲天下"之美称，是中国历史上最大的皮毛集散地和商埠重镇。辛集园文创展示区展示了辛集市名花皮业有限公司与辛集皮都工匠坊的皮革文创产品，包括全手工精制抱枕、宠物玩具、笔筒、存钱罐、鼠标垫、钟表、干果盘等多种皮革装饰制品（图2-13-20）。

图2-13-20 文创主题展示

辛集非遗

辛集非遗展品展示了辛集的农民画与皮贴画两项省级非物质文化遗产项目（图2-13-21）。

图2-13-21 非遗主题展示（组图）

辛集影像

辛集影像展区展示辛集摄影家协会提供的记录沧桑巨变、红色记忆、身边的共产党员等主题摄影图片（图2-13-22）。

3. 活动内容及成效

阅读天地

阅读天地有儿童读物供游客们驻足阅览，有科学、自然、艺术、故事、人物传记、手工、智益等各类书籍上千册。

图2-13-22 影像主题展示

阅读课堂

阅读课堂每天定时举行少儿阅读课堂讲课活动。家长可以带着孩子一起看书，拓宽儿童视野，提高儿童的阅读水平（图2-13-23）。

红色文化影片观摩

展园内每天定时播放儿童红色爱国主义影片，让儿童们了解并明白我们国家的历史文化，激发他们的爱国热情（图2-13-24）。

非遗手工体验

非遗手工体验展区（图2-13-25）设置了辛集省级非遗项目辛集皮贴画体验活动，使孩子可以细致地了解皮贴画的制作过程。

图2-13-23 阅读课堂

图2-13-24 红色文化影片观摩

图2-13-25 非遗手工作品展示

4. 运营情况

辛集园的运营人员于 2021 年 6 月 15 日在无水无电的情况下进入现场筹备，于 7 月 1 日之前短短的 15 天之内完成了前期的物资到货以及筹备工作。在时间紧、任务重以及条件达不到的情况下，各相关负责人充分发挥了不怕苦、不怕累的精神。当时，天气燥热，气温高达 30 多度，现场人员每天忙得汗流浃背，没有空调，无水洗澡、冲凉、洗漱，并且交叉施工，灰尘满天飞，身上流的汗都是黑的，又遇到园区修路，快递公司车开不进来，物资都是人一趟趟地用手推车拉进来，整个筹备期间充满了艰辛与感动。

辛集园由于其梦幻城堡特殊的造型以及风格，给整个运营团队带来了较大的压力。一到周末，整个园区人满为患，小孩居多，一些游玩项目是带有一定危险性的，必须有监护人在旁边，现场人员常在烈日下在园区维护秩序，防止意外突发事件发生（图 2-13-26）。特别是遇到中秋、十一等大型节假日，展园内更是人山人海，工作人员需加倍注意。

运营团队对整个运营过程中一些试住体验回馈做到及时调整，及时和各方沟通，高效发现问题、解决问题；对政府以及园区的政策高效率贯彻实施，比如消防、突发事情的处理，疫情防控期间登记测温消毒等工作。

5. 特色活动

雄安郊野公园辛集园按照一城一展一演一市集的要求，于 2021 年 10 月 1 日至 2021 年 10 月 7 日开展了为期一周的活动。活动目的和主题：以展园为平台，以推介宣传辛集市绿化成果和城市形象（生态、文化、产业）为主，并适当融入建党 100 周年红色元素。

图2-13-26 开园运营

一城

展园设置了可移动户外城市宣传展架，介绍辛集文旅产业发展、全市绿化工程、对外招商引资等各项情况（图 2-13-27）。

一展

展馆内的展品对辛集的城市面貌、科技成果、智慧农业、园林绿化、特色林果、精品文创、非遗文化和未成年教育——进行了展示（图 2-13-28）。

一演

在活动周开展过程中，除阅读课堂、非遗手工体验及红色文化影片观摩之外，每天下午展馆门口举行小型文艺演出（图 2-13-29）。

一市集

辛集皮革制品、辛集省级非物质文化遗产特色食品在展园广场展示售卖（图 2-13-30）。

开展网红带你逛展园活动

展园邀请了网络直播播客对展会活动进行现场播报，让网友们一同感受活动气氛（图 2-13-31）。

图2-13-27 城市宣传展架

图2-13-28 展馆现场（组图）

绿色城市 美丽家园——雄安郊野公园规划与建设（下册） | 120
GREEN CITY, BEAUTIFUL HOME—PLANNING AND CONSTRUCTION OF XIONG'AN COUNTRY PARK(VOLUME II)

图2-13-29 文艺演出（组图）

图2-13-30 售卖现场

图2-13-31 网络直播

2.14

雄安新区篇

2.14.1 工程概况

1. 雄安林及公共区域工程概况

项目区位 雄安新区负责建设雄安林、公共区域以及临时绿化部分。雄安林位于雄安郊野公园中西部核心区域,东至石家庄林,西临规划主水面,北至保定林,南接郊野公园主入口,总面积为145公顷。公共区域指除14片城市林、临时绿化区之外的剩余地块,包含主水系、主园路等,总面积约为340.4公顷;临时绿化区位于雄安郊野公园预留建设用地,在开发建设前以临时绿化区处理,共计7块,总面积约为284公顷。

雄安林设计理念 雄安林遵循传统造园艺术中"山贵有脉,岗阜拱伏"的设计手法,与水系形成山环水绕的山水佳境。西丘(高33米)为全园最高点,在西丘之上可西观西湖水面,南望白塔,向东远眺主场馆、东岗等。东岗(高22米)为全园次高点,与西丘对望,限定中轴空间(图2-14-1)。

公共区域设计理念 公共区域设计随形就势,模拟自然,以雄安林的西丘、东岗为核心,沿水系与主要道路向外辐射,塑造绵延起伏、层次分明的微地形,在全园形成"主山连亘,余脉延绵"的地形风貌。市政路和主园路以坡度为8%～15%的大体量地形为主,整体地形饱满连续,开合有致,并根据设计需求留出重要的透景线;水系沿线是以坡度5%～12%为主的微地形,整体地形饱满连续。局部根据设计需求增大坡度,形成溪谷山涧等自然野趣水景观。

主要建设内容 项目绿化面积为500公顷,水系工程为82公顷,铺设园路及管线 38 千米，架设景观桥梁 25 座；修建的配套服务设施包括 1 个主广场（硬化面积共计 23 779 平方米）、11 个服务驿站（建筑面积共计 3 700 平方米）、6 个公共卫生间（建筑面积共计 600 平方米）、5 处亲水平台，路灯、垃圾桶、坐凳、标识牌等城市家具 340 套。

图2-14-1 雄安林效果图

2. 主场馆工程概况

项目区位 雄安主场馆选址于东部园区入口附近，交通便捷，背靠雄安园及东湖，风景优美。

项目规模 占地面积约 4.7 公顷。

设计理念 雄安主场馆以"大地雄心"为设计理念，采用覆土建筑形式，将 5.3 公顷的综合性场馆全部覆盖在坡地以下，建筑形体与大地融为一体，含蓄有力，一气呵成。

主场馆的设计传承中华建筑文化基因，吸收世界优秀建筑的设计理念和手法，坚持开放、包容、创新，坚持绿色、节能、环保。主场馆建筑外轮廓采用曲线造型，优美的曲线轮廓与周边自然的水丘园林和谐统一，既有古典神韵，又具现代气息，灵动自然、优美飘逸，蕴含着人与自然和谐共生的中国智慧，展示着刚柔并济的东方美学和虚实共融的东方哲学。

从空中俯瞰，主场馆犹如一颗绿色的心，引领着整个郊野公园，在明月湖畔起伏跳动，展示出雄安新区坚持生态优先、绿色发展，建设生态宜居新城区的决心和信心（图 2-14-2）。

主要建设内容 雄安主场馆建筑功能主要为展厅、商业、车库、会议、餐饮等。

雄安主场馆庭院南侧为展厅商业区，分为地上 1 层和地下 1 层。地上 1 层居中布置了展厅空间，周边围绕布置了商业空间；地下 1 层为展厅、停车场和机房。

庭院北侧为服务区，该部分为地上3层、地下1层。地下1层为美食餐厅、健身房和厨房、管理办公等设施空间。地上3层为服务区域，沿坡地呈弧形退台布置，每个房间都有朝向湖面水景的观景露台。

图2-14-2 雄安主场馆航拍图

3. 雄安园工程概况

项目区位 雄安园选址于东湖核心岛屿上，四面环水，利用栈桥与主体连接，展园与岛融为一体。

项目规模 占地面积13 850平方米。

设计理念 雄安园立于岛上，宛如白洋淀中的一颗隐世明珠。西晋文学家左思在《蜀都赋》中赞到"贝锦斐成，濯色江波。"用贝壳做成图案印在布锦之上，象征生命，寓意美好愿望。展馆采用贝壳形态，充满生命力，犹如自然生长于岛屿之上，映衬出未来科技与自然斑块的完美结合，体现了实用美与形态美。雄安园的建筑塑造了3组贝壳从水中升起的意象，每一只贝壳都隐藏着灵动的内涵，怀揣着一个饱含着智慧、创意的世界。建筑立面契合了波浪的意蕴，整体造型灵动飘逸，含义隽永（图2-14-3）。

主要建设内容 雄安园首层分为一主两副3个部分，具有3个主题，首层功能主要为休闲、集散，地下1层3个空间贯通，主要为展览、售卖空间以及设备间。

图2-14-3 主场馆及雄安园航拍图

2.14.2 建设时间及获奖情况

1. 雄安林和公共区域建设时间

开工时间：2020 年 6 月 2 日。

竣工验收时间：2022 年 1 月 15 日。

2. 主场馆和雄安园建设过程

开工时间：2020 年 12 月 7 日。

竣工验收时间：2021 年 9 月 16 日。

3. 获奖情况

雄安郊野公园雄安园建设工程及配套设施项目共获得特别贡献大奖 1 个、金奖 2 个；专项类大奖 5 个、特别奖 1 个、金奖 9 个。

2.14.3 主要建设经验及典型做法

雄安郊野公园自启动建设以来，雄安新区高度重视，严格按照要求的时间目标，高质量完成建设任务。现对雄安郊野公园雄安林和主场馆建设过程中好的经验做法总结如下。

1. 坚持盛世建园理念，以新思路引领园区的规划设计

雄安新区始终坚持以习近平新时代中国特色社会主义思想为指导，认真贯彻落实党中央、国务院规划建设雄安新区以及河北省、委省政府有关改革创新的部署要求，围绕建设"蓝绿交织、清新明亮、水城共融、绿色生态宜居新城"的目标，坚持政府主导、市场运作、高起点规划、高标准建设，着力打造雄安新区"一淀、三带、九片、多廊"的生态格局，进一步提升千年秀林建设水平，为建设新时代生态文明典范城市作出积极贡献。设计理念坚持"有水则湿、无水则林"，以林为体、以水为脉、以文为魂；创新探索造林造园模式，造园以彰显中华基因、传承园林文化为指导思想，营造山水围合下的城郊隐逸朴境。造林以"适地适树、节俭造林"为原则，以"大林小园"为建设方向，构建大型郊野公园公共空间景观系统。

2. 以全新的攻坚举措，解决任务重、工期紧等难题

雄安郊野公园主场馆建筑面积5.3万平方米，为覆土建筑、曲线造型，建筑建造、内外装修、大型布展和开业这些任务在正常情况下需4年才能完成。按照省委、省政府的部署，本项目在2021年4月30日要完成主体建设任务。在新冠肺炎疫情、20年一遇的寒冬等不利条件下，为了组织、带动、激发全体建设者的干劲，雄安郊野公园攻坚团队全员上阵，盯在工地现场，日夜不停巡查，在2021年春节前按计划完成主体结构封顶任务。面对"6·24"全省造林绿化现场观摩攻坚，雄安主场馆广场面积再新增2万平方米，达到3.8万平方米。雄安集团生态建设投资公司（以下简称"生态建设公司"）首次采用全新的攻坚模式，调集多家施工单位力量，投入郊野公园建设大决战中，汇聚成建设雄安的磅礴力量。经过四天四夜的鏖战，用了不到100小时，雄安郊野公园主场馆和周边广场建设、场馆布展等各项攻坚任务全部完成，确保了全省重大活动的顺利举办和郊野公园7月18日开园试运营。

2.14.4 展园布展及运营

1. 布展主题

雄安主场馆的布展主题为"为什么建设雄安？建设什么样的雄安？怎样建设雄安？"

2. 展示内容

展厅以"先植绿，后建城"等理念为指引，以"未来已来：跃动的生命"为策划主题，分序厅、第一展区"初心使命"、第二展区"时代华章"、第三展区"雄安质量"、第四展区"未来之城"5个展区。在回答上述问题的过程中，展厅着眼千年秀林、白洋淀治理、"五大产业、六大疏解功能"等重点内容，突出雄安生态文明建设，较为全面地展示了雄安新区设立的背景及规划、建设情况。

3. 活动内容及成效

为确保开园平稳有序，郊野公园攻坚团队转换角色再次启程，发扬"特别能吃苦、特别能战斗、特别能攻关、特别能奉献"的载人航天精神，熟悉新情况，解决新问题。

雄安郊野公园是雄安的一项重大民生工程，给人民提供最好的游园体验是团队必须完成的使命。为此，团队积极谋划、主动作为，在最短的时间内采购完成保障所需的电瓶车、帐篷、各类指示标牌等设备，招聘安保、保洁、游客服务等所需的870余人队伍，在工程交付的同时进驻雄安郊野公园。

为确保开园顺利，团队多名成员多个晚上通宵加班，对试运营期间发现的问题统一汇总、逐一销项，赶在2021年7月17日晚上，圆满完成在雄安郊野公园主场馆现场搭建临时商业设施、遮阴避雨帐篷等各种设施的工作，使雄安郊野公园在条件有限的情况下能以最好的面貌、最优的服务迎接游客。

开园后的第4天，2021年7月21日，中央电视台、新华社、人民网、《河北日报》、河北新闻联播等数十家媒体对雄安郊野公园的概况、主场馆建设理念、各城市展园建筑特色、开园试运营情况进行了宣传报道，充分展示了雄安生态文明建设成果。

短短几日，雄安郊野公园迅速成为雄安新区和周边省市群众出行的网红打卡地，2021年7月24、25日游客连续突破3万人。截至2021年10月底，雄安郊野公园共接待游客70万人次（图2-14-4）。

4. 建设成果

雄安主场馆在创新程度、领先程度、效益程度、影响程度等方面实现"四高"，打造新区生态优先、绿色发展样板。

图2-14-4 场馆讲解

注重创新，全省领先

作为大型城市郊野公园，雄安郊野公园设计理念新、建设模式新，从前期规划设计到后期建设，大量"创新"元素贯穿其中。

在雄安郊野公园建设中，生态建设公司高质量、高效率完成建设任务并快速转入运营。在全省评比过程中，本项目先后斩获"展园金奖""最佳城市展园特别贡献大奖""运营金奖"等。本项目还获得"河北省创建智慧工地示范工程（智慧工地等级三星）""河北省'燕赵（建工）杯'BIM技术应用大赛二等奖"和省级以上表彰30余项。雄安郊野公园攻坚团队中多人获得"河北省国土绿化突出贡献人物奖""我为群众办实事最美人物"等多项荣誉。

效益程度高，社会影响大

雄安郊野公园开园第一天即成为网红打卡地。东部配套服务区围绕会议会展、教育培训、科普研学、体育运动和休闲农业五大产业，发布招商公告15批次，与奥特莱斯、王府井集团、工美集团、首旅集团、中旅集团等多家国内外著名企业完成对接，与安妮股份、世纪明德、哈喽出行、携程中旅等签署合作协议。雄安郊野公园的生态效益、社会效益和经济效益正在日益增强，引领和示范作用正在逐步显现，成为新区生态优先、绿色发展的样板。

2.15

大市政篇

雄安郊野公园市政道路及配套综合管线工程作为重要的市政配套项目，将为雄安新区承办 2025 年中国绿化博览会提供重要的交通服务设施。中国雄安集团基础建设公司在雄安新区党工委管委会、雄安集团的领导下，与参建单位齐心协力一手抓疫情防控，一手抓工程建设，始终践行"四铁四心"精神，充分发扬"风雨无阻，日夜兼程"的工作作风，在郊野公园建设中取得一定成效，全力保障了郊野公园如期开园。

2.15.1 工程概况

1. 工程情况

雄安郊野公园北起南拒马河右岸，南至容东城市组团，西起贾光，东至京雄高速，包含"两横八纵"10 条市政道路，总长约 31.15 千米，红线面积约 86.7 公顷。桥梁共 25 座，总长约 1.51 千米，其中跨越常态水域（园区路）桥梁 14 座，跨越南水北调天津干线桥梁 6 座，跨越北侧生态堤截渗沟和漫步道桥梁 5 座。隧道共 5 条，总长 2.05 千米，其中横二路 1 条隧道长约 1.14 千米、纵二路 1 条隧道长约 0.33 千米、纵三路 3 条隧道长约 0.58 千米。通信管道总长约 36.5 千米。市政供水管道及其附属设施总长约 35.7 千米。雨水管道总长约 19.0 千米。污水工程属远期实施项目，现阶段仅在路口预埋污水过路管，总长约 0.22 千米。10 千伏电力排管及 110 千伏电力浅埋缆线沟总长约 30.6 千米。燃气管道总长约 25.7 千米。热力工程仅在路口及地块支管位置设置套管，总长约 0.72 千米。施工通道总长约 6.3 千米。

2. 投资情况

项目批复总投资 30.40 亿元，建安费 17.93 亿元。施工划分 4 个标段，施工合同总额为 14.92 亿元。

3. 总体平面图

雄安郊野公园市政道路及配套综合管线工程总体平面见图 2-15-1。

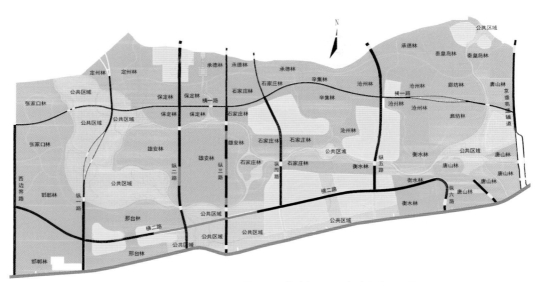

图2-15-1 雄安郊野公园市政道路及配套综合管线工程总体平面图

2.15.2 建设过程及成效

1. 布好局 开好头

征拆先行 跑步进场

雄安郊野公园涉及 3 个乡镇、13 个村的征地拆迁和 6 大管线迁改，雄安集团基础建设公司组织施工单位主动对接容城县政府、县征迁办、八于乡政府，根据施工总体计划安排，结合征拆难易程度，按照"轻重缓急"原则，排布征拆进场计划。例如，隧道及桥梁工程属于结构工程，施工周期长、难度大，需先期进场施工，才能确保总体工期目标实现，使征拆工作有方向、有计划、有侧重、有速度，为快速进场打开良好局面。雄安郊野公园市政道路及配套综合管线工程征拆及管线迁改影响平面见图 2-15-2。

图2-15-2 雄安郊野公园市政道路及配套综合管线工程征拆及管线迁改影响平面图

　　面临 3 000 多户村民搬迁，有效的搬迁通道建设迫在眉睫。为保障村民搬迁及房屋拆迁，雄安集团基础建设公司迅速响应，立即与容城县政府对接，并组织设计单位结合百姓需求及现场实际情况确定路由及设计方案，组织施工单位仅用 2 天时间修好长约 2.7 千米的拆迁便道，快速高效地保障 13 个村百姓的搬迁运输需求，同时为各地市进场施工赢得宝贵时间。拆迁便道的建成既有效地服务了群众，又加快了郊野公园的总体建设进程。雄安郊野公园市政道路及配套综合管线工程拆迁便道平面见图 2-15-3。

图2-15-3 雄安郊野公园市政道路及配套综合管线工程拆迁便道平面图

雄安集团基础建设公司积极与移动、联通、电信、铁塔公司、国防光缆、昆仑燃气、国网公司、八于水厂、锦郑石油、南水北调等管线产权单位沟通对接，组织施工单位与产权单位现场查勘管线路由及影响区域，做到"底数清，情况明"，详细制订管线迁改调查表及施工计划，运用系统思维，统筹谋划，为项目加快进场提供有力保障。

全局思维，统筹协调

雄安郊野公园是举全省之力建设的重点项目，14 个地市（含定州、辛集、雄安新区）参与郊野公园的建设工作，交叉作业是郊野公园建设的一大难题。雄安集团基础建设公司承建的10 条市政路及配套基础设施与各城市林存在施工交叉及衔接问题。面对施工交叉，雄安新区主动与各地市对接沟通，上门服务。针对已栽植苗木，公司与各市友好协商，做好摸底调查工作，明确苗木移植数量并与各市签字确认，同时组织施工单位配合各市进行苗木移植及土方工程施工。由于各市在 2021 年 3 月初要利用春季植树黄金季节复绿，公司组织施工单位优先施工交叉区域，全力保障各市复绿工作有序推进，于 3 月底前全部将交叉工作面返还各市，充分做到想各市之所想，急各市之所急；解决了施工交叉问题，同时又与各单位建立了深厚的革命友谊。在郊野公园的建设中，14 个地市是一个大整体，要全局考虑、团结一致、统筹协调，才能做到井然有序，使建设工作更快、更好、更强。雄安郊野公园市政道路及配套综合管线工程交叉施工影响平面见图 2-15-4。

图2-15-4 雄安郊野公园市政道路及配套综合管线工程交叉施工影响平面图（标绿部分）

主动担当，高效推进

施工期间需要有道路作保障，2020 年 11 月初，14 个地市展园开始紧锣密鼓地进驻东部园区，迅速掀起了东部展园大干高潮。为有效保障东部展园建设及郊野公园建设期交通需求，雄安集团基础建设公司主动作为，主动与 14 个地市对接，充分征求各单位意见，在不影响当前阶段施工的前提下，永临结合，确定临时道路路由；立即组织施工单位调配人工、材料、机械设备，发扬"风雨无阻、日夜兼程"的工作作风，全力以赴抢抓工期，24 小时昼夜不停，仅用 5 天 5 夜完成了施工运输通道的施工及 2.1 千米长的沥青路面摊铺，有效地保障了 14 个地市大规模建设阶段的交通运输需求，为加快建设东部展园奠定夯实基础。雄安郊野公园市政道路及配套综合管线工程临时施工运输通道平面见图 2-15-5。

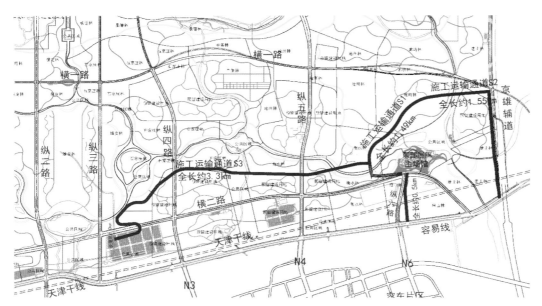

图2-15-5 雄安郊野公园市政道路及配套综合管线工程临时施工运输通道平面图

2. 大会战 犹正酣

挂图作战，压茬推进

项目现场犹如战场，要想打赢这场战役，务必要打有准备之仗。雄安集团基础建设公司组织施工单位以"12·30""4·30""6·30"等为节点目标，倒排工期，挂图作战，制定项目总体平面布置图、施工计划横道图（含资源配置）（图 2-15-6）、形象进度图（图 2-15-7）、桥梁 BIM 模型等，排出日、周、月计划，每日总结计划执行情况，反思不足之处，针对偏差立即调整，做到"有部署、有落实、有反馈、有总结"；建立"一日一督办，一周一调度，一月一考核"工作机制，全力以赴，奋勇争先，抢抓工期；建立问题清单台账，建立"清单销号"机制，定期更新推进进展，定期反馈落实情况，主动担当，换位思考，没有"推、脱、绕"，更没有"等、靠、要"。

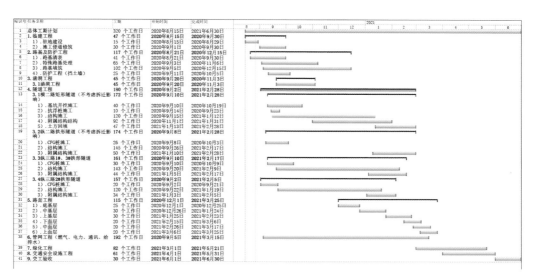

图2-15-6 雄安郊野公园市政道路及配套综合管线工程施工计划横道图

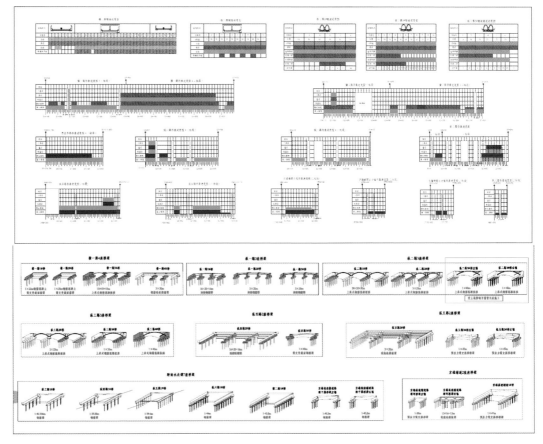

图2-15-7 雄安郊野公园市政道路及配套综合管线工程道路、隧道、桥梁工程形象进度图（组图）

两抓五保，创先争优

面对征拆迁影响，雄安集团基础建设公司组织施工单位在有限的工作面内见缝插针，本着能进则进的原则，所以建设工地全面开花，上足人员、机械力量，10 条市政道路同时有雄安建设者的身影，建设好的道路提供给兄弟地市使用，方便自己又方便他人。

2021 年年初，面对新冠肺炎疫情，雄安集团基础建设公司严格落实省委省政府、雄安新区、雄安集团关于疫情精准防控的各项要求，第一时间对项目现有管理人员和劳务人员进行全面摸排，登记造册，建档立卡，不漏一人；组织参建单位全体管理人员及劳务人员进行多轮核酸检测，积极做好劳务人员的思想工作，监督施工单位做好农民工生活保障工作；为解决疫情防控期间及冬季施工期间劳务人员的生活住宿难题，组织施工单位利用 10 天时间建成了两处"建设者之家"，占地 2 公顷，共有房间 330 间，可容纳 1 300 人居住，为疫情精准防控和冬季施工提供有力保障，真正做到了一手抓疫情防控，一手抓工程建设（图 2-15-8）。

图2-15-8 疫情防控期间建设者之家及防疫检查工作(组图)

冬季施工期间项目没有停工，公司组织施工单位做好严寒天气施工各项措施。例如，隧道施工采用台车形式，外模台车涂装聚氨酯材料以达到保温效果。冬季施工期间，建设公司依然做到了月产值过亿，项目人员不怕苦、不怕累，紧盯时间节点，一刻也不敢耽误，一刻也不敢懈怠。各参建单位始终与雄安集团同心同德，以"四铁四心"精神强根铸魂，以"两抓五保"创先争优，做到了冲击面前不退缩，侵袭当头不逃避，挑战关口不畏难，取得了"百日攻坚""十月突破"重点时期施工任务的有力、有序、有效推进。项目现场呈现热火朝天的大干场面，树立了工程建设的标杆，展示了雄安铁军的形象。管线工程及隧道工程分别实现了"3·30""4·30"等节点目标，获得了雄安新区、雄安集团领导的高度认可，项目也获得雄安集团投资进度红旗两面。雄安郊野公园市政道路及配套综合管线工程冬季施工期间隧道结构工程施工见图 2-15-9。本工程所获奖项见图 2-15-10。

图2-15-9 雄安郊野公园市政道路及配套综合管线工程冬季施工期间隧道结构工程施工（组图）

3. 再冲锋 保开园

为保障雄安郊野公园东部展园顺利开园，项目纵六路跨越南水北调干渠的桥梁作为保开园重要节点工程，承担着雄安郊野公园主入口及停车场入口的关键作用，在各参建单位的共同努力下，一座 48 米跨度的钢箱梁从零到通车仅用 53 天时间，应用顶推工艺保障南水北调供水安全，创造奇迹，高效完成"6·24"节点任务，保障了雄安郊野公园如期开园（图 2-15-11）。

雄安郊野公园东部展区燃气管线是保障 14 个城市展园及主场馆运行的重要基础设施，早日通气意义重大，雄安集团基础建设公司积极组织各参建单位办理竣工验收各项手续，做好大市政与小市政管线、各展园支线的物理互通，做好通气前打压试验，确保燃气运营安全。在各参建单位的不懈努力下，东部展园顺利通气，保障了郊野公园展园开园运营。

在省委、省政府和新区党工委、管委会的坚强领导下，雄安集团和各参建单位坚持以习近平新时代中国特色社会主义思想为指导，勠力同心担使命，攻坚克难抓落实，创造了"雄安质量"，展现了"雄安速度"，为雄安画卷徐徐铺展续写了一个个"春天的故事"。2021 年 7 月 18 日，中国最大的城市郊野公园——雄安郊野公园顺利开园。项目荣获河北省绿化委员会颁发的最美

图2-15-10 雄安郊野公园市政道路及配套综合管线工程投资进度红旗单位（组图）

图2-15-11 雄安郊野公园市政道路及配套综合管线工程纵六路跨越南水北调干渠桥梁如期通车

桥梁特等奖及金奖各 1 项、最美建筑特等奖及金奖各 1 项、最美道路金奖 1 项（图 2-5-12~
图 2-5-15）。

图2-15-12 雄安郊野公园市政道路及配套综合管线工程 最美道路实景图 (组图)

图2-15-13 雄安郊野公园市政道路及配套综合管线工程 最美桥梁实景图 (组图)

图2-15-14 雄安郊野公园最美建筑实景图（组图）

图2-15-15 雄安郊野公园市政道路及配套综合管线工程荣获最美桥梁、最美园路、最美建筑奖项照片（组图）

2.15.3 主要建设经验及典型做法

1. 狠抓质量，创新创优

本项目严格执行"三检制""首件验收制"等制度，施工总包单位与班组长签订质量安全责任状，建立监理、总包、班组三级质量安全体系，强化安全教育。本项目相关工作人员荣获雄安集团"优秀安全员""优秀质量员""优秀班组长"等称号。

本项目重在应用"四新"技术，在建筑业十项新技术中共应用10大项、15小项新技术，同时采用施工深化设计、现场喷雾降尘等四节一环保、绿色施工技术。基于工程项目特点及工程内容，建设团队自主研发专利10项，自主编撰企业级科技论文10篇，完成QC（质量管理体系）课题2项。例如，为提升隧道主体结构钢筋直螺纹套筒施工质量，技术人员对钢筋直螺纹套筒施工技术进行了研究探索，成功地将套筒合格率由87%提高至96%，项目QC小组荣获重庆市市政工程协会市政行业优秀质量控制小组一等奖。拱形隧道施工采用台车施工工艺，代替传统定型模板，提高施工效率的同时更好地保证了施工质量，达到了降本增效的效果。项目跨南水北调天津干渠桥梁采用钢箱梁顶推施工工艺（图2-15-16），顶推工艺第一次在雄安新区使用，创新的同时又能确保供水安全。项目荣获"雄安质量杯"（雄安精品工程）证书（图2-15-17）并获得专利证书（图2-15-18）。

2. 利用信息手段，提高效率

雄安集团基础建设公司充分发挥BIM在工程建设中的应用，加强BIM管理、审核，将BIM成果作为设计单位主要考核指标之一，设计阶段提前发现管线碰撞等不合理情况，优化施工图，方便现场施工；在项目施工过程中建立高标准BIM模型，利用BIM进行可视化交底，提高劳务人员的施工效率；BIM技术应用相关项目荣获2021第十届"龙图杯"全国BIM大赛优秀奖及2021第四届"优路杯"全国BIM技术大赛铜奖等诸多奖项（图2-15-19）。

图2-15-16 隧道台车及钢箱梁顶推施工（组图）

图2-15-17 雄安质量杯证书(组图)

图2-15-18 专利证书(组图)

图2-15-19 BIM成果及获奖证书(组图)

雄安集团基础建设公司利用无人机航拍（图2-15-20）辅助项目管理，进行全局思维、统筹思考，合理配置资源，利用航拍视频全方位查看每日现场进度，有效督导工期，提高管理效率与管理质量；利用倾斜摄影技术进行项目调度、协调，清晰直观地反映现场进度及存在的问题，高效便捷，有利于领导快速做出宏观决策。

公司组织各参建单位利用"建管平台""雄安监理APP"等数字化智能管理系统进行质量、安全、进度等方面的管理，全员参与，发现问题立即整改落实，为无纸化办公在新区推广作出贡献。本项目荣获2021年河北省"智慧示范工地"称号。

图2-15-20 无人机航拍图（组图）

3. 用好抓手，提质增效

雄安集团基础建设公司高度重视设计管理和监理管理，始终践行"以人文本"的理念，从设计到施工阶段，从人性化角度考虑，本着服务、安全、高效、便捷等原则，优化设计方案，抓好施工细节，做好精细化管理，全力铸造精品工程（图2-15-21）。工程前期，公司参与方案研究，加强对设计单位的考核，严格要求设计单位驻场服务，提高设计出图质量及服务质量，减少项目后期变更数量，有效控制成本。项目用好监理，将监理单位作为现场管理最有力抓手，从征地拆迁伊始到项目竣工验收结束，监理全过程参与；提高对监理单位的要求，全员利用信息化手段管理项目，严格履约，加强对监理人员的考核，提高现场管理质量。监理单位牵头，定期组织现场集中办公，精心筛选、上报需甲方协调解决的有关问题，极大地提高了工作效率；做好"奖优罚劣"，对屡教不改问题，向集团公司发函要求严格履约，针对项目管理较好的单位和个人进行奖励。

4. 坚持一线，打造亮点

雄安集团基础建设公司始终坚持一线工作法，深入一线，每天在现场安排、调度、督导，看清、摸准现场存在的各类问题，建立"有问题、现场说、现场解决"的工作机制；发扬"5+2""白+黑"工作作风，在一线中发现工程建设中的痛点、堵点、难点，进一步梳理、解决、总结问题，针对现场已出现的问题在后续项目管理中提前考虑，消化在进场施工前；对于现场发现的亮点，

图2-15-21 现场施工过程展示（组图）

时常总结，组织观摩学习，对好的经验方法进行推广，针对管理举措好的措施进行通报表扬；提高现场管理水平，补齐短板，打造亮点。公司圆满完成了雄安集团"项目一线百日行"和"十月突破一线行"各关键阶段节点目标任务。

5. 坚廉洁雄安，保驾护航

雄安集团基础建设公司高度重视廉洁雄安建设工作，与施工单位签署廉洁雄安共建协议，在施工单位建立"廉洁文化示范点"，与各参建单位共担使命、互相监督，把纪律规矩挺在前面。知敬畏、存戒惧、守底线，项目所有人员都努力做到敢干事、能干事、干成事、不出事，以高标准、高质量建设廉洁雄安，让党旗在工地一线高高飘扬。

百年恰是风华正茂，未来仍需风雨兼程。雄安集团基础建设公司与参建单位坚持站位大局敢担当、系统谋划明责任、精益求精强管理，确保了各项建设工序、施工流程的无缝隙衔接、高效推进。全体人员秉承工匠精神、劳模精神、铁军精神，锲而不舍抓建设、驰而不息创质量，实现了项目工程的拔节生长，体现了优秀的管理水平、专业的职业素养。接下来，雄安集团基础建设公司与参建单位定会以更加昂扬的精神状态和奋斗姿态完成好新区基础设施建设工作，为打造"妙不可言、心向往之"的未来之城作出更大贡献（图2-15-22）。

图2-15-22 雄安郊野公园实景

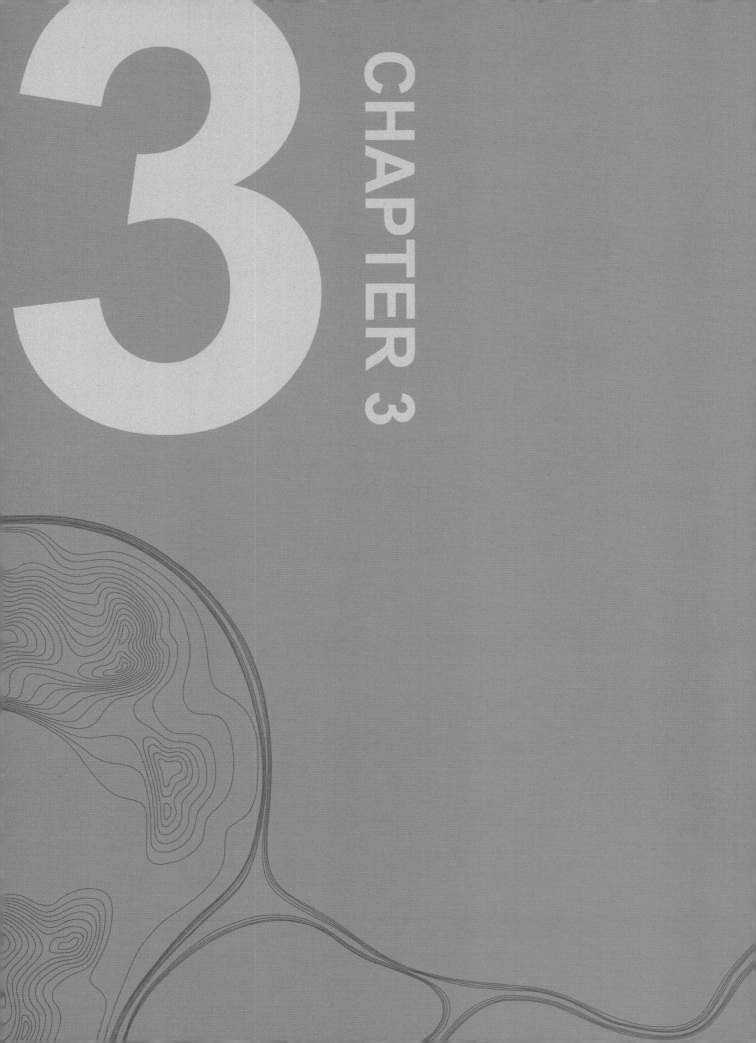

3

第 3 章

千年大计 雄安质量

3.1

质量监督
工作的安排

为加强雄安郊野公园城市展园工程质量管理，坚持世界眼光、国际标准、中国特色、高点定位，贯彻高质量发展要求，全面落实"雄安质量"体系建设，同时规范各参建单位质量管理，压实质量责任，提高质量意识，雄安新区建设工程质量安全检测服务中心（以下简称"新区质安中心"）受原新区规建局委托，自 2020 年 12 月中旬雄安郊野公园 13 个地市展园（含定州、辛集）及雄安展园三标段（主场馆和雄安展园）共计 14 个展园工程陆续进场施工开始，对其进行全过程工程质量监督。

在雄安郊野公园城市展园工程质量监督过程中，新区质安中心根据项目特点，制定专项质量监督工作计划，成立质量监督工作专班，依据《建设工程质量管理条例》《园林绿化工程建设管理规定》《房屋建筑工程和市政基础设施工程质量监督管理规定》《河北省房屋建筑和市政基础设施工程质量监督实施办法》等规定，主要在以下 3 个方面开展工程质量监督工作：一是主动对接各城市展园建设单位质量监督手续办理工作，采取主动上门服务等办法集中督促办理完善；二是根据施工进度，持续开展专项巡查以及重点项目日常抽查、抽测；三是积极配合河北省住房和城乡建设厅（以下简称"省住建厅"）检查工作专班按照《雄安新区房屋建筑和市政基础设施工程质量抽查检查工作方案》中"每月抽查检查一次"的要求，对郊野公园展园工程质量情况进行抽查检查。

3.2

质量监督的
主要内容

依据有关法律法规和工程建设强制性标准，新区质安中心对工程实体质量及工程建设、勘察、设计、施工、监理单位和质量检测等单位的工程质量行为实施监督。在此基础上，质量监督工作专班根据各城市展园的施工内容、质量状况等研究确定实施差别化监督管理的工作方案。

一是对以下涉及工程主体结构安全和主要使用功能的工程实体质量进行全部或部分抽查、抽测。

1）地基处理、桩基础工程承载力；

2）地下卷材防水层的细部做法；

3）钢筋原材料、钢筋加工、钢筋连接、钢筋安装、钢筋锚固；

4）后浇带的模板支撑体系按规定单独设置；

5）混凝土构件的外观质量、位置和尺寸偏差；

6）混凝土养护及混凝土试件的留置；

7）砌块质量及砌筑方式；

8）外墙外保温与墙体基层的黏结强度；

9）外门窗安装质量、护栏安装质量；

10）苗木、种植土、置石等园林材料的质量；

11）亭、台、廊、榭等园林构筑物主体结构安全和工程质量；

12）地形整理、假山建造、树穴开挖等施工关键环节质量等。

二是对以下主要工程资料进行全部或部分抽查、抽测，并对存在质量疑义的建筑材料和构配件要求复检。

1）承重结构混凝土强度；

2）受力钢筋数量、位置及钢筋保护层厚度；

3）现浇楼板结构厚度；

4）砌体结构承重墙、柱的砌筑砂浆强度；

5）建筑外窗现场气密性。

3.3

日常质量监督
工作的开展

一、在工程建设过程中，新区质安中心质量监督工作专班采取现场查勘、实体检测等方式对郊野公园 13 个地市展园（含定州、辛集）及雄安展园三标段（主场馆和雄安展园）进行了监督巡查、监督抽查以及冬期施工质量巡查，累计检查 44 次，对混凝土抗压强度进行回弹抽测共 226 个构件，抽检原材料及工艺检测 100 余项，共发现工程实体质量以及质量行为等问题 360 余项，对发现的问题下发整改通知书 44 份，并下发巡查通报 3 份。

二、新区质安中心质量监督工作专班积极配合省住建厅对雄安郊野公园 13 个地市展园（含定州、辛集）及雄安展园三标段（主场馆和雄安展园）共计 14 个展园进行质量抽查 35 次，对省住建厅下发的 35 份各类整改文书进行监督整改。

三、在每一次监督抽查、监督抽测工作中，新区质安中心监督各展园各参建单位对标对表切实把发现的所有工程质量问题整改到位：要求项目各参建单位对检查出的问题组织专题会议，对省住建厅检查出现的问题认真分析，立行立改，真落实、真整改；要求各参建单位对照省住建厅检查提出的问题进行自查，避免类似问题重复发生。

3.4

工程竣工验收
的质量监督

一、根据原新区规建局下发的《雄安新区工程建设项目竣工联合验收管理办法（试行）》《雄安郊野公园东部展园工程项目竣工验收工作方案》要求，雄安郊野公园验收分为建设单位组织的自验收和行政主管部门组织的联合验收。新区质安中心按照各展园实际建设进展，充分发扬"店小二"精神，将竣工验收质量监督工作重心前移，主动参与郊野公园各展园建设单位组织的五方主体自验收。

二、为保证雄安郊野公园展园的建设工程质量，确保竣工验收质量监督的合理合规，2021 年 6 月 10 日至 18 日，新区质安中心从全省质量监督系统邀请 10 名土建、给排水、暖通、电气、绿化方面的专家，分两组对 14 个展园展开竣工验收的质量监督核查工作。

经核查，各展园共发现实体质量及施工资料问题 179 个，各展园质量行为及实体质量存在的共性问题共计 17 条。针对核查中发现的问题，新区质安中心要求各展园建设单位进行整改，逐一销项，为日后该项目竣工验收质量监督工作的顺利开展打下良好基础。

三、截至 2021 年 10 月底，14 个展园均已顺利组织了竣工验收，且验收结果均为合格。新区质安中心及时出具了 14 份《工程质量监督报告》。

3.5
质量监督工作
总结及管理经验

一、新区质安中心通过质量监督检查，提高了各项目参建单位的质量意识，进而提升了工程品质；加强质量监督检查、巡查，并对发现的问题加强整改过程监管，确保所有问题整改到位，持续加强对所有建设内容从人员履约、技术交底、原材质量、施工工艺、实体检测到竣工验收等方面的质量管控力度，确保了工程质量。

二、新区质安中心积累了宝贵的工程质量监督管理经验，按照各展园实际建设进展，充分发扬"店小二"精神，将竣工验收质量监督工作重心前移，主动参与郊野公园各展园建设单位组织的五方主体自验收；在此基础上，积极开展竣工验收前的多次专项核查，包括施工资料、绿化种植、机电安装工程、装饰装修工程等多节点多部位质量专项验收前核查，为日后项目整体竣工验收工作打下坚实基础。相关照片如图 3-5-1~ 图 3-5-3 所示。

图3-5-1 主场馆质量专项竣工验收(组图)

图3-5-2 日常质量监督检查

拍摄时间：2021.09.07 12:20
天　　气：晴 24℃
地　　点：保定市·雄安郊野公园

图3-5-3 城市展园质量专项竣工验收（组图）

4

第 4 章

绿色城市 美丽家园

经过紧张的建设，2021年6月，雄安林、雄安园、主场馆等的建设工程基本完成，雄安主场馆进行紧张的布展工作。主场馆布展是深入贯彻习近平生态文明思想，高起点、高标准建设雄安新区的集中表现。整体布展回答了"为什么建设雄安、建设什么样的雄安、怎样建设雄安"这三大核心问题，"建设什么样的雄安"是整个主场馆的重中之重，整体展区跨越了首层和负一层。作为展示区中两大重点展项，"千年秀林""大美雄安"展现了雄安新区先植绿后建城的建设思想，创造"雄安质量"，成为新时代推动高质量发展、建设绿色生态宜居新城的全国样板城市缩影。经过夜以继日的紧张工作，2021年7月份布展工作快速完成。7月18日，雄安郊野公园开园试运营。

为确保开园平稳有序，雄安绿博园公司组织开园管理运维单位积极采购会期管理运维所需的电瓶车、护栏、帐篷、各类指示标牌等设备，招聘安保、保洁、游客服务等所需的870名工作人员，员工6月底进驻雄安郊野公园；同时，逐步完善了遮阴避雨帐篷、卫生间、临时商业等配套设施布置，抽调70余名人员组建开园工作领导小组，明确各专业工作组职责和分工，压实责任并坚守现场工作。

2021年7月18日，雄安郊野公园开园试运营，当日接待游客超过万人，短短几日，迅速上升为网红打卡地，成为新区和周边省市群众出行的新热点，7月24日、25日单日游客连续突破3万人。国庆期间总客流量达到18万人次，10月2日当天游客达5.7万人次。截至2021年12月，雄安郊野公园共接待游客70多万人次，驶入车辆20余万车次；完成政商团体接待250批次、3800余人次；在开园期间，还举办了"美食节""家具展""雄安之夜""各地市文化活动周"等特色活动十余场。

开园后，中央电视台、新华社、人民网、《河北日报》、河北新闻联播等数十家媒体对雄安郊野公园的概况、主场馆建设理念、各城市展园建筑特色、开园试运营情况进行了宣传报道，充分展示了雄安生态文明建设成果的强大吸引力。

游客纷纷表示，雄安郊野公园占地面积广，建设规模大，精品节点多，开园服务好，从中可看到新区的美好未来、祖国的欣欣向荣。进入园区游览的游客认为，公园是建在群众心坎上的民心工程。满满的绿色让周边群众的幸福感、获得感得到极大提升，居民都感谢省、新区办了一件大好事、大实事（图4-0-1）。

图4-0-1 雄安郊野公园开园试运营（组图）

5

第 5 章

绿色发展 未来可期

5.1

城市林和城市展园
后续运营研究

根据省委、省政府安排，雄安郊野公园由雄安绿博园公司统一运营。2019年12月26日，绿博园公司成立，目前已实体化运营。

1. 城市林和城市展园后续运营主要思路

一是以"整体防护、确保安全，注重公益、兼顾运营"为原则，由绿博园公司全面做好雄安郊野公园城市林养护，做好生态空间的市场化开发。二是资产运营方面，由绿博园公司负责东部城市展园的资产管理、运营。绿博园公司按照市场化运行规则，规范管理、专业运作，形成稳定的市场化运营机制，推动城市林生态价值变现、城市展园创效，确保园区健康、持续发展。

2. 主要举措

一是做大做强绿博园公司，雄安郊野公园可经营性建设用地分批逐级注入雄安绿博园公司，以平衡前期建设投资和后续管护费用，扩大绿博园公司经营规模、增强运营实力。二是精准管护、运营城市林。按照节约资金、分级分区域管理原则，新区委托绿博园公司对各城市林进行分区分级的养护管理。三是按属地原则做好园区整体管理。园区消防火灾扑救、市政道路管理、社会治安管理按照属地管理原则分别由新区森林消防队、交通管理部门、治安管理部门负责。绿博园公司优化水生植物种植，确保水体引得进、留得住、排得出，逐步构建稳定的水生态系统。

5.2

2025年中国
绿化博览会筹办

为积极申办第五届中国绿化博览会，加快推进雄安郊野公园建设，经时任河北省领导批示同意，2019 年 6 月 16 日，河北省人民政府正式致函国家林业和草原局（以下简称国家林草局），申请由雄安新区承办 2025 年第五届中国绿化博览会，并承诺认真学习借鉴历届绿博会的成功经验及有益做法，超前谋划、精心筹备，采取有力措施，全力以赴做好各项筹展工作，确保将 2025 年第五届中国绿化博览会举办成一届有创意、高品质、独具特色、影响久远的绿色盛会。

2019 年 7 月 29 日，省委雄安新区规划建设工作领导小组专题会议召开，决定申办 2025 年第五届中国绿化博览会、2027 年世界园艺博览会，高质量建设雄安郊野公园，举全省之力支持雄安新区"千年秀林"建设，打造新时代生态文明典范城市。

2019 年 8 月 26 日，河北省领导专程到国家林草局，就雄安新区申办 2025 年第五届中国绿化博览会和 2027 年世界园艺博览会工作进行了专题汇报。国家林草局对河北省委、省政府主要领导高度重视国土绿化工作、大规模开展植树造林、扎实推进冬奥会绿化和雄安新区千年秀林建设给予高度评价，原则上同意，并全力支持在雄安新区举办 2025 年第五届中国绿化博览会和 2027 年世界园艺博览会。

2019 年 9 月 8 日，国家林草局专门派出工作组到雄安新区进行实地调研和现场对接，就雄安郊野公园规划建设提出指导意见。国家林草局两次组织国内顶级专家对雄安郊野公园实施方案和总体规划设计进行了论证研讨，提出了意见建议。省领导对国家林草局的意见建议高度重视，雄安郊野公园总体规划设计充分吸收了国家林草局的意见和建议。

2019年9月30日，国家林草局党组会议原则同意2025年与河北省人民政府共同在雄安新区举办第五届中国绿化博览会，并要求处理好绿化博览会规划用地、园区后续利用以及服务保障配套等问题。根据国家林草局的要求，雄安新区10月11日向国家林草局提供了第五届中国绿化博览会占地审批的说明。11月2日，为做好第五届中国绿化博览会相关承办工作，河北省林草局、雄安新区管委会再次到国家林草局就雄安郊野公园建设进展、资金投入、工期安排、组织体系、建设运营管理等工作进行了专门汇报，并按要求向国家林草局提供了《河北雄安郊野公园建设总体规划》《河北雄安郊野公园城市展园与城市家具设计方案》及雄安郊野公园用地审批文件等材料。全国绿化委员会听取了汇报，并表示2025年在雄安新区举办第五届中国绿化博览会意义重大、影响深远，雄安郊野公园建设征地手续合法，总体规划布局合理。

2021年6月30日，全国绿化委员会正式致函河北省人民政府，同意2025年在河北雄安新区举办第五届中国绿化博览会，主办单位为全国绿化委员会、国家林草局、河北省人民政府。

雄安新区根据国家林草局关于雄安新区承办第五届中国绿化博览会的意见要求，扎实推进雄安郊野公园建设和各项承办工作。

6

CHAPTER 6

第 6 章

总结

自 2019 年 10 月雄安郊野公园开工建设以来，在河北省委、省政府的坚强领导下，各地各有关部门同心协力，坚决克服新冠肺炎疫情的不利影响，高标准、高质量完成建设任务。2021年 6 月 24 日，全省雄安新区建设发展工作现场会在雄安郊野公园召开。7 月 18 日，雄安郊野公园正式开园运营。11 月 30 日，各城市林和城市展园完成移交工作。同时，经省委、省政府积极争取，报全国绿化委员会办公室主任同意，全国绿化委员会确定 2025 年第五届中国绿化博览会在雄安新区举办。雄安郊野公园成为雄安新区的一处标志性工程，成为贯彻落实习近平总书记对雄安新区生态建设重要指示的集中展示区。

1. 建设成效

树立了千年秀林建设新样板

按照"统一规划设计，打破市区界限，突出各地特色，就近连片成林"的要求，雄安郊野公园着力塑造高品质城市生态环境，完成 14 片城市林的建设，种植彩叶、常绿、观花及经济林树种 280 多种、地被植物 200 多种，保留原有大树、古树 1600 余棵；打造连绵起伏、线条流畅的微地形约 800 公顷，在主要节点自然摆放景观石 563 块；建设园路 114 千米，完善了路网、水系、驿站和城市家具，建成了以乔木为主、乔灌花草结合、多树种混交、健康稳定的森林生态系统，形成了两季有果、三季有花、四季常绿的优美生态景观。

打造了国内展园建设新高地

雄安郊野公园坚持优化布局，14 个城市展园集中沿东湖水系而建，形成了"一湖四片"组团式格局，实现了一站式畅游"微缩"河北、尽享燕赵风情；坚持"一园一景"，突出地域特色、人文风貌，各展园既各具特色，又组团成景、相映生辉；坚持林中有园、园在林中，林、园、水相依，将建筑景观、自然景观有机融合，提升了城市展园整体景观层次和水平；坚持开园期间与之后的持续利用，每个场馆都配套房间、餐厅、地下停车场等设施，打造成集吃住游购、健身康养、会议展览为一体的城市郊野公园。

探索了雄安新区建设发展新思路

在投资模式上，雄安郊野公园采取统一规划、统一组织、市建区管、市场化运作的方式，城市林等公益性服务设施由各市财政资金出资建设，城市展园等经营性服务设施由各市及雄安新区国有企业出资建设。在运营管理上，会展期间，展园由各市负责运营管理；会展结束后，公益性资产无偿移交雄安新区，经营性资产作价入股，由雄安绿博园公司统一运营管护，各方共同承担市场风险。在展后利用上，雄安绿博园公司积极吸引社会资本参与后续建设与运营，将文化、旅游、康养、展览等产业引入雄安郊野公园，推进雄安郊野公园可持续运营。

2. 主要做法

坚持政治站位，全面加强组织领导

河北省委、省政府高度重视雄安郊野公园的建设，省领导谋划审定规划建设方案，20 多次主持召开省委常委会、雄安新区规划建设工作领导小组会进行专题研究，多次到现场调研指导，调度、推动工作开展。河北省成立了省政府主要领导任组长的河北雄安绿博园筹建工作领导小组、雄安郊野公园建设指挥部，省领导进行指挥、一线调度，在现场解决重大问题。各市各有关部门坚决贯彻省委、省政府的决策部署，把雄安郊野公园的建设作为本地本部门重点工作抓紧抓实。各市都成立了筹建工作领导小组，制定印发实施方案，组建工作专班，明确任务、压实责任、全力推进。各市委、市政府主要领导同志多次到现场督导调度。省林草局作为牵头部门，把雄安郊野公园的建设作为全局工作的中心任务，成立了由主要负责同志任组长的领导小组，所有局领导靠前指挥，并在雄安新区成立雄安郊野公园前方指挥部，由局领导任指挥长带队常驻雄安，在一线协调推进工作。雄安新区党工委、管委会坚持一线调度指挥，主要领导和分管领导多次现场协调解决征地拆迁、工程建设、服务保障、开园试运营等一系列具体问题。省委宣传部、省委雄安办、省发改委、省财政厅、省自然资源厅、省住建厅、省文旅厅、省审计厅、省国资委等部门积极发挥职能作用，在规划设计、用地审批、建设统筹、质量安全、政策资金、验收审计等方面给予了大力支持和指导。

坚持协同推进，切实强化工作保障

一是完善协同工作机制。雄安新区建立了由雄安新区管委会、省前方建设建设指挥部及 13 个市组成的"2+13"联席会议制度和四方对接工作机制，定期召开会议，沟通交流信息，统筹安排施工，及时解决问题；制定了《加快推进雄安绿博园建设工作方案》，明确线路图、时间表，把计划任务细化到每一天，实行日报告、周调度和周通报制度，实现了持续有力的督导调度；先后 6 次组织各建设单位、施工单位、监理单位开展现场观摩评比，充分营造了"比、学、赶、帮、超"的良好氛围。二是加大建设资金投入。雄安郊野公园总投资 69.57 亿元，除定州、辛集 2 个省直管县（市）外，其他各设区市和雄安新区投资均过亿；其中，雄安新区雄安园和主场馆、市政道路以及管线等配套设施共投资 47.84 亿元，唐山、石家庄、廊坊、张家口 4 市投资均超过 2 亿元。三是平稳妥善安排征迁安置：雄安新区管委会组织专业征迁队伍，按照"两人包一户，一组包一村"原则，对 13 个村 6 084 户 16 134 人进行周转过渡，明确专人盯办，做好群众工作，同时积极开展企地共建，采取就近用工方式，促进村民增收，广大群众积极支持建设工作，平稳顺利完成了全部征迁安置。四是创造便利的施工条件。容城县、新区各部门、雄安集团生态建设投资公司、基础建设公司，电力、通信、燃气等各产权单位，充分发扬"店小二"精神，主动靠前服务，及时解决水电路网等作业问题，保障畅通高效地开展建设。

坚持高点定位，高标准规划实施

各地秉持"雄安质量"，把高标准贯穿于从规划设计到建设施工的全过程，力求打造千秋之园。一是聚焦生态文明，高起点编制规划设计方案。雄安新区和各市分别聘请国内顶级设计单位组成"1+14+14"设计团队，"背靠背设计""面对面交流"，最终通过方案比选方式，完成雄安郊野公园总体规划及14个城市林、城市展园和主场馆设计方案；组织院士、专家对规划设计进行多轮研究评审，省委、省政府多次召开专题会议进行研究，主要领导审核把关，不断修改、完善设计方案，使方案达到国内一流水平，充分体现了生态雄安主题。二是发扬"工匠精神"，高质量建设施工。严格按国家标准把关，按规划设计施工，完善工程质量全链条追溯机制、进度管理体系，实行全环节、全过程质量管理。城市林乔木全部选用胸径8厘米以上的全冠苗，城市展园全面执行二星级及以上建筑标准。同时，为保证工期，省林草局牵头制定了冬季施工工作方案，做到全季全天候施工，最多时共有70多家施工单位在园内同时作业。石家庄、秦皇岛、唐山、邢台、邯郸及雄安新区的各建设团队加班加点，春节假期不休息。三是坚持底线思维，确保安全生产。各建设单位坚持疫情防控与建设施工协同推进，把疫情防控作为雄安郊野公园安全管理的第一要务，严格按要求实行疫情常态化防控，科学制定防汛防火、污染防治和冬季施工工作方案，强化安全管理，严格落实各项安全生产制度，没有发生安全责任事故，守住了安全生产底线。

坚持善作善成，规范有序做好竣工后续工作

一是顺利开园运营。2021年7月18日开园以来，各市和雄安新区周密制定运营方案，陆续开展了石家庄红色主题活动、承德民间艺术展、张家口冰雪项目体验、秦皇岛海洋生物展、唐山皮影戏演出、廊坊美食周、保定莲池书院文化展、沧州武术表演、衡水音乐演出、邢台中医义诊、邯郸非遗表演、定州定瓷展示制作、辛集影片观赏、雄安规划建设展等特色活动，获得社会各界一致好评。国家、省、市级新闻媒体100多名记者实地探访雄安郊野公园，数百家媒体进行了宣传报道，郊野公园获得社会各界广泛关注。二是开展评比表扬。2021年10月18日，河北省绿化委员会、河北绿博园建设筹建领导小组评选出特别贡献大奖4个，最佳组织大奖13个，综合类大奖39个、特等奖34、金奖43个，专项类大奖26个、特等奖78个、金奖118个，并对200名先进个人进行通报表扬。三是推进资产交接。省林草局和雄安新区认真贯彻落实省领导关于雄安郊野公园移交的指示要求，多次组织召开移交调度会；各市及雄安新区相关部门分别成立城市林、城市展园交接小组，省前方建设指挥部、各市及雄安新区联合实施了"1+2"移交协调工作机制，协力推进移交工作；9月30日，完成了移交协议草签；10月25日，完成了钥匙交接；11月30日，在省财政厅、省审计厅等省直有关部门的指导下，各市与雄安新区按时完成了城市林和城市展园移交工作，为下一步雄安郊野公园可持续运营奠定了基础。四是做好总结部署。2021年11月10日，全省雄安郊野公园建设工作总结会议召开，通报了雄安郊野公园建设总体情况和评奖结果，雄安新区、石家庄市、唐山市的建设人员作了典型发言。会议总结交流了雄安郊野公园的建设经验，对下一步工作进行了安排部署，为持续推进雄安郊野公园健康运营发展、成功举办 2025 年第五届中国绿化博览会打牢了基础。

自开工建设以来，各参建单位克服了新冠肺炎疫情、极度寒冬等不利影响，按时完成了工作任务，落实了"雄安质量"工程建设标准。

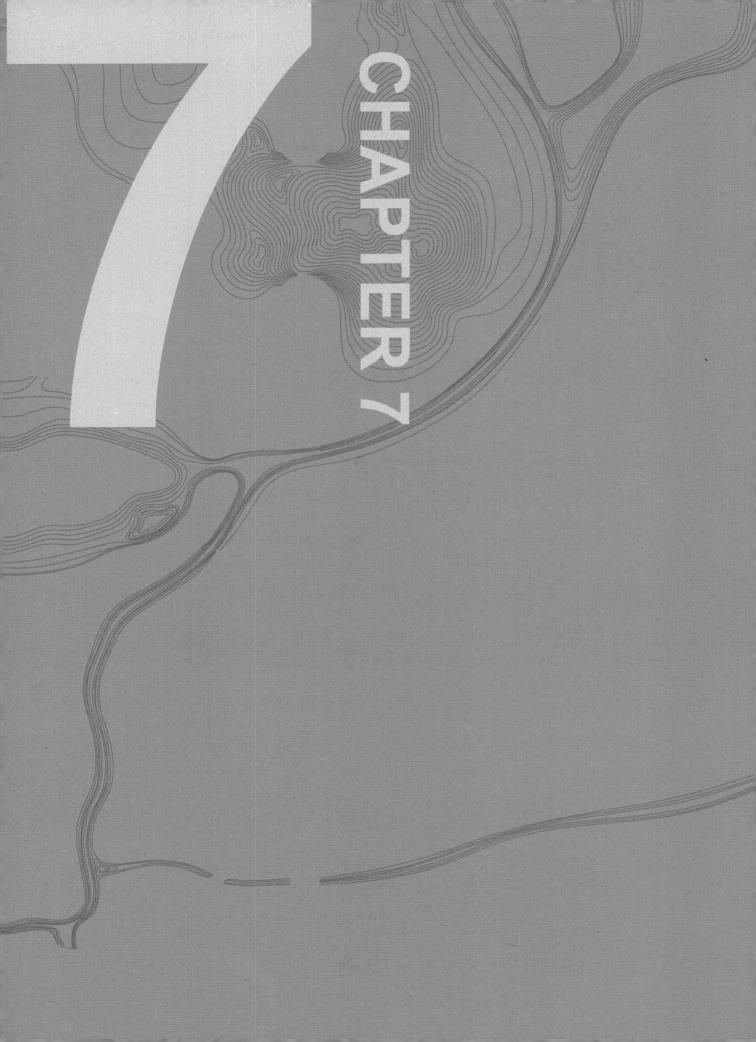

7

CHAPTER 7

第 7 章

建成实景

图7-01 城市林航拍

绿色城市 美丽家园——雄安郊野公园规划与建设（下册） | 184
GREEN CITY, BEAUTIFUL HOME—PLANNING AND CONSTRUCTION OF "XIONG'AN COUNTRY PARK (VOLUME II)"

图7-0-2 城市林航拍二（组图）

图7-0-3 城市林驿站(组图)

图7-4 城市林一

图7-0-5 城市林二（组图）

图7-6 东部展园一

图7-0-7 东部展园二

图7-0-8 东部展园三（组图）

图709 天津公园雪景

图7-0-10 郊野公园雪景二 (组图)

图7-0-11 郊野公园夜景（组图）

绿色城市 美丽家园——雄安郊野公园规划与建设（下册）
GREEN CITY, BEAUTIFUL HOME—PLANNING AND CONSTRUCTION OF XIONG'AN COUNTRY PARK(VOLUME II) | 204

图7-0-12 郊野公园西部湖区（组图）

图7-0-13 石家庄园(组图)

图7-0-14 秦皇岛园（组图）

图7-0-15 承德园（组图）

绿色城市 美丽家园——雄安郊野公园规划与建设（下册） | 210
GREEN CITY, BEAUTIFUL HOME—PLANNING AND CONSTRUCTION OF XIONG'AN COUNTRY PARK(VOLUME II)

图7-0-16 张家口园 (组图)

图7-0-17 唐山园 (组图)

图7-0-18 廊坊园（组图）

图7-0-19 保定园(组图)

图7-0-20 沧州园（组图）

图7-0-21 邢台园（组图）

图7-0-22 邯郸园（组图）

图7-0-23 衡水园

图7-0-24 定州园

图7-0-25 辛集园（组图）

图7-0-26 郊野公园主场馆一（组图）

图7-0-27 郊野公园主场馆二 (组图)

致谢单位

河北省林业和草原局
石家庄市林业局
承德市林业和草原局
张家口市林业局
秦皇岛市海滨林场
唐山市自然资源和规划局
廊坊市自然资源和规划局
保定市自然资源和规划局
沧州市自然资源和规划局
衡水市自然资源和规划局
邢台市林业局
邯郸市林业局
定州市自然资源和规划局
辛集市自然资源和规划局
中国雄安集团生态建设投资公司
中国雄安集团基础建设公司
河北雄安绿博园绿色发展有限公司
北京北林地景园林规划设计院有限责任公司
天津市城市规划设计研究总院有限公司
中国建筑设计研究院有限公司
上海市政工程设计研究总院（集团）有限公司
中国市政工程东北设计研究总院有限公司
北京市水利规划设计研究院
北京市建筑设计研究院有限公司
中国中建设计集团有限公司城乡与风景园林规划设计研究院
中国中建设计集团有限公司
北京市园林古建设计研究院有限公司
北京林业大学
中国美术学院风景建筑设计研究总院
冀北中原园林有限公司
国家林业和草原局产业发展规划院
天津市大易环境景观设计有限公司
中外建工程设计与顾问有限公司
京林风景（北京）规划设计咨询有限公司
河北建筑设计研究院有限责任公司
华诚博远工程技术集团有限公司
国策众合（北京）建筑工程设计有限公司
上海市城市建设设计研究总院（集团）有限公司
河北建设勘查研究有限公司

图书在版编目（CIP）数据

绿色城市　美丽家园：雄安郊野公园规划与建设.
下册 / 河北雄安新区规划研究中心, 河北雄安新区管理
委员会自然资源和规划局, 河北雄安新区管理委员会建设
和交通管理局编著. -- 天津：天津大学出版社, 2023.3
　（雄安设计专业丛书）

　ISBN 978-7-5618-7419-6

　Ⅰ.①绿··· Ⅱ.①河··· ②河··· ③河··· Ⅲ.①城市公
园－城市规划－雄安新区 Ⅳ.①TU984.222.3

中国国家版本馆CIP数据核字(2023)第037360号

高质量发展的雄安之道
绿色城市 美丽家园：雄安郊野公园规划与建设（下册）

河北雄安新区规划研究中心, 河北雄安新区管理委员会自然资源和规划局,
河北雄安新区管理委员会建设和交通管理局编著

GAOZHILIANG FAZHAN DE XIONG'AN ZHI DAO
LVSE CHENGSHI MEILI JIAYUAN
XIONG'AN JIAOYE GONGYUAN GUIHUA YU JIANSHE(XIACE)

策 划 团 队	韩振平工作室
策 划 编 辑	韩振平、李金花
责 任 编 辑	朱玉红
美 术 设 计	乙未文化、逸凡
封 面 设 计	高婧祎

出 版 发 行	天津大学出版社
地　　　址	天津市卫津路92号天津大学内（邮编：300072）
电　　　话	022-27403647
网　　　址	www.tjupress.com.cn
印　　　刷	北京盛通印刷股份有限公司
经　　　销	全国各地新华书店
开　　　本	889mm×1194mm 1/16
印　　　张	15.25
字　　　数	293千
版　　　次	2023年3月第1版
印　　　次	2023年3月第1次
定　　　价	198.00元